讓人一搜尋就找到你

破解搜尋引擎的流量密碼，
首席 SEO 優化師讓你的曝光飆升 30%！

SEO首席優化師

Jemmy Ko——著

Chapter **1** ___去掉業味，
　　　　　　　寫出讓人看得下去的好文

Chapter 2 ___認識 SEO，
讓你的資訊被更多人看見

Chapter 3 ___實戰 SEO，
用流量讓對手陷入絕望

Chapter **4** ＿＿真槍實彈、實戰解決

吸引流量的最強利器

何飛鵬（城邦媒體集團首席執行長）

　　一直以來，我總是對許多資訊充滿好奇，幾乎沒有任何不感興趣的事，因此經常在臉書上瀏覽各種文章，也在這個過程當中，發現不少專業領域的行家，並邀請來城邦集團的出版社出書。

　　有天，我看到某個人發表的文章，主題從行銷、寫作到電商領域都有，不僅文筆流暢，而且下標精彩、排版舒服，不知不覺就連看了好幾篇！最後，我忍不住傳了訊息問對方：「你的文章不錯，有沒有興趣出一本書，造福眾人？」沒想到對方回我：「之前已經有位城邦的編輯找我出書了！」這位靠著文字，同時被我和其他編輯看見的人，就是本書作者 Jemmy Ko。

　　Jemmy 的專業領域是 SEO，搜尋引擎優化，簡單來說，就是讓消費者在 Google 的時候，你的網站可以出現在前幾名，

出現在最容易被看見的位置。這樣的專業技術，從一般人的觀點來看，可能會認為要有資訊背景，懂很多複雜的程式碼才能操作，但是 Jemmy 在這本《讓人一搜尋就找到你》清楚指出：讓消費者看到你的關鍵，其實非常簡單，就是創作出高品質的內容。

這讓我想到，做 SEO 和做書看似天差地別，但卻有著異曲同工之妙，重點都在「高品質的內容」。數十年來，我管理城邦集團的數十家出版社，總是不斷對編輯耳提面命：圖書暢銷的三個原因，就是內容、內容、內容，我們必須「心中有讀者」，生產出他們真正需要或想要的內容，為他們解決困難、提升能力、改善生活品質，他們才有可能買單。

同樣地，Jemmy 也在書中提到，最糟糕的 SEO，就是用劣質內容塞進一堆關鍵字，企圖誤導消費者點進來，最後還是會敗在 Google 的評分。這就像一本取了漂亮書名的劣質書，最後還是會被讀者揭穿，始終成不了暢銷書。其實，要讓消費者注意到非常簡單，就是給他想看的東西，無論是有趣還是有用，只要能滿足他的需求，就是實用的內容，也是 Google 會想讓他一搜尋就找到的內容，這就是吸引流量的最強利器。

除了寫出實用內容以外，Jemmy 也提醒了不少提升 SEO 排名的技巧，例如運用內部連結、舊文新發、優化官網、善用關鍵字工具，這些技巧讓他把 2,490 個關鍵字排到 Google 首頁、達成超過 2,600% 流量成長等等，交出了亮眼的成績單。這個

主題由 Jemmy 來分享心法，可說是當之無愧。

隨著 ChatGPT 等生成式 AI 問世，當前的內容產業面臨巨大的轉變，出版業的戰場從紙本躍上雲端，再分散至社群，接著走向全媒體營運模式。SEO 的戰場，也會隨著 Google 的演算法不斷調整，但無論戰場怎麼變化，「內容生成」的工作本質始終沒變，站在消費者的角度，滿足他們的需求，才是真正能擦亮品牌的核心。

作者序 _____ **Preface**

破解搜尋引擎

　　破解搜尋引擎，是有方法的。

　　搜尋引擎就像一座圖書館。怎樣才能讓你的書每次都出現在借閱名單最頂端呢？要靠精美的封面、吸引人的書名？還是用最高檔的紙張？這些都有幫助，但它們加起來的效果，卻遠遠不如你「直接寫出最適合讀者的那本書」。

　　對，直接產出那本書，豈不是更快上榜嗎？當人們想閱讀水餃的食記，別去找介紹餃子的歷史刊物，再硬把書名改成「水餃食記」。最有效的辦法是直接去吃。從零開始，把你最真實的品嚐心得寫出來。當讀者想了解戀愛的資訊，那你最好直接把愛情資料整理清楚，別拿一篇商業類型的廣告文稿去修改，企圖在推銷文案裡硬塞進「熱戀」這兩個字。這樣，你的書籍就能贏過其他次級品，每次都出現在讀者的借閱榜單最前

面了。

把寫書換成寫內容、把圖書館改成搜尋引擎，那麼**「寫出最適合讀者的內容」，就是搜尋引擎排名第一的終極之道**。只是，太多人沒有認知到「內容為王」這件事。大家覺得搜尋引擎就喜歡你去不斷強化那些艱澀的程式語言、去改善各種看不見的技術欄位，錯了！排第一名的訣竅不是別的，就是「寫好內容」而已。搜尋引擎不喜歡你去改編碼，**它希望你去創作優秀的內容。**

我靠著「經營內容」這招，持續在不同產業、各種網站環境中佔據第 1 名的位置。從上市公司的官網文章區，到小型新聞媒體的專欄，甚至是冷凍水餃品牌的分頁，我都是靠著「文章」，把高商業價值的關鍵字第 1 名給佔走。為了繼續驗證，我還拿專門用來做網拍的「電商平台」，讓最困難的關鍵字「SEO」長期佔據在搜尋引擎前 5 名。

「SEO」不但是每月搜尋量破萬的高難度商用關鍵字，更是搜尋行銷業者爭榜、打廣告的一級戰區，而我只依靠內容創作和對搜尋引擎原理的理解，用「電商平台」將這個關鍵字攻上頂端，就是為了證明「重點在內容，內容就是王道」。與其花費大量心思追求程式技術，你還不如去申辦一個現成的開店平台，專心創作。

你可能會疑惑：這是作者自己技巧好、有天賦才能屢戰屢勝，根本不適用在其他人身上。

　　為了解除這個疑慮，我除了自己驗證，更把同一套做法編成內部訓練教材。我教會了許多大學畢業生、自由接案者、在家兼差工作的初學者和帶寶寶的家管。我刻意找來毫無經驗的人，事實證明：只要肯學、會打字的人都能上手，復刻出同樣好的結果。

　　我甚至依靠搜尋引擎的排名技巧，在沒花一塊錢廣告費的情況下收穫大量洽詢，創辦出一間搜尋顧問公司，服務眾多中小企業、上市公司，以及國際企業。我不斷證明，贏過搜尋引擎的藝術，就是創作高品質內容的藝術。

　　如果這技巧這麼好用，那為什麼市場還沒有飽和？大家還沒有一窩蜂湧進來廝殺？因為「知識落差」。

　　當歐美的內容專家們發現這個新天地，直接雇用大批編輯團隊全職創作的時候，世界各地行銷人還沒這麼快反應。語言的隔閡和資訊的傳遞其實有「時差」。就連最先進的 Google 用英語宣布的重大新聞，翻成中文都要等好久，「知識落差」就是這樣出現的。

　　但你只要願意執行，就能透過這樣的內容技巧搶得先機。對內容專家來說，知識落差就像是低垂的果實，你只要伸手摘下，不費吹灰之力就可以品嚐到鮮甜多汁的美味。但如果你沒看到，或者看到了懶得摘，那就吃不到。

　　這本書分成四大章，是基於**反覆驗證**與**親自執業**的經驗中，用力彙整而成，目的是要徹底補足高品質內容的知識落

差，向你一步步拆解搜尋引擎的奪冠之道。

■ 第一章：教你如何寫出可以讓人讀下去的好文

你以為好的內容需要精湛的文筆、優美的詞彙，但正好相反——**這些東西根本沒人要看。**

世界上最普及的內容載體其實是「手機」，而大家在滑手機的時候，注意力是破碎的、分散的。心理學研究顯示，當人們使用「偷懶腦」的時候，沒辦法吸收需要認真集中才能了解的資訊。你必須打破傳統、丟棄框架，才能寫出高流量的內容。

■ 第二章：搜尋引擎硬知識

本章彙整了歐美權威專家知識、引用 Google 的官方文件，更融入親自操作而得的綜合知識，讓你快速自學、弄懂「搜尋引擎最佳化」到底是怎麼一回事。

透過本章，你可以只花費最短的時間，就晉升成 SEO 專家。

■ 第三章：實戰操作

你看過很多行銷知識，教你怎麼優化關鍵字、提升排名。

問題是，這些知識有經過**真槍實彈**驗證過嗎？

　　本章直接告訴你「操作方法」，只要跟著書中方法、照著做，你可以跳過紙上談兵，直接在實戰裡提升最高效能，用流量讓你的競爭對手陷入絕望。

▋第四章：賺錢，還有大量案例

　　我翻遍市面上的書籍，直到截稿前還沒有看過任何書籍把「真實案例」赤裸裸地拆解出來。我能明白，行銷常常需要保密，而且知識深厚的人，不一定有時間把所有案例親自證明一遍。

　　但我為了確保書中的技巧真正對你有用，而且可以事前預測、過程中追蹤、事後覆盤，本章提供極為大量的實例，有些關鍵字你甚至可以親手查看看，確保讓你能最大程度地學到禁得起科學驗證的**實戰之道**。

CHAPTER 1

去掉業味，
寫出讓人看得
下去的好文

01

學 SEO 之前，你需要先學會寫作

── 搜尋引擎的優化原理是寫作，創作者才是主角

Google 每個月的造訪流量是 893 億次[1]，是市佔第一的搜尋引擎。它攻佔 92.07％的市場，其他像微軟的 Bing、Yahoo! 搜尋引擎，只能分食剩下不到 10％。

簡單來說，搶下 Google 排名就能得到源源不絕的流量，而奪取排名、上首頁的關鍵則是「寫文章」。與其辛苦把網頁「拉皮」成適合搜尋引擎的樣子，你為什麼不直接「空降」創作出值得排第一的內容？

很多人花超多心思幫網頁拉皮，卻很少人研究空降的創作技巧。其實，寫文章空降的排名勝率才是最高。

1　https://www.oberlo.com/blog/google-search-statistics

■ 實際驗證：靠寫文章把最難排的關鍵字擠進前 3 名

　　為了實證這件事，我親自實驗。我刻意使用不需要工程師、每個人都能輕易架站的電商平台，靠「寫文章」把產業中最競爭、最難排的關鍵字擠進前 3 名。

　　但，有沒有可能我選的平台是難得一見的厲害品牌？有沒有可能只是個案運氣好？為了排除這些疑慮，我又到不同環境

做同樣的事：

- 投稿新聞媒體
- 用別家電商平台撰文
- 在中小企業自行架設的網站發稿
- 在廣告蓋滿、速度慢、技術跑分超低的環境發文

得到的效果都一樣——只要有好內容，靠寫文章就能排第一，完全不用管技術面，寫文章才是關鍵。

■ 讓圖書館必須推薦你的著作

搜尋引擎，是世界上最大的圖書館。當你想借某一本書、提供書的「線索」，搜尋引擎會從好幾億本合適的書籍裡，在 0.1 秒之內，挑出最適合的 10 本。

想像一下：當你是作者，要怎麼讓圖書館優先推薦你的書？

精美的書皮、細緻的印刷、質感滿分的用紙⋯⋯這些都有用，但是作用太弱了。要保證能被圖書館優先推薦，最粗暴有效的辦法，就是直接把書寫成「讀者想借的樣子」。

對啊！如果你寫的是讀者想看的書，當然就會被優先推薦。就算封面爛、印刷不怎麼樣也沒關係。

　　這裡的比喻是認真的。我親自問過念台大圖資系的人，圖書館系的課程 [2] 包含「資訊檢索」、「索引及摘要」，還有 Google 的專利 PageRank 演算法。在講述搜尋引擎運作原理的時候，Google 官方用的比喻就是「圖書館」，只是你寫的不是書，而是網頁內容。

　　所以，想得到搜尋流量、想得到好排名，直接創作出網頁的內容才是重點。搜尋引擎的主角是「內容創作者」、是「小編」，工程師才不是重點，千萬別搞錯了。

■ 連作弊的人都超認真寫作

　　我小時候看過一部漫畫叫《超級作弊王》，大意是：有位成績超爛的主角，卻能常常想出絕妙的作弊辦法，靠小抄、道具，透過作弊得到高分。但實際上他在準備小抄、製作道具所花的心力和時間，早就超過讀書考第一的工夫了，所以其實考題他也早就學會。

　　搜尋引擎也能「作弊」。

　　超難打廣告、但又能透過搜尋引擎流量賺得超高利潤的博弈、色情產業，就會用各種違反搜尋規範的招數來搶排名，比如說到處塞連結、自己架設幾百個網站引流到站內等等。但作

2　https://www.lis.ntu.edu.tw/?page_id=148

弊歸作弊，他們認真寫文的程度並不輸給正常產業。

我親眼看過精通黑色產業的高手，在短時間內關鍵字從零衝上排名第 1 的博弈、色情網站，單篇網頁內容就寫了 2 萬多字，而且裡面是認真研究、鉅細靡遺的紮實內容，這給了我極大啟發。

連作弊的人都超認真寫作，就表示你必定得這麼做了。

▌技術作業只是門檻

Google 的官方說明文件裡提到：

- 您需要為網頁執行的技術性作業非常少，大部分網站不需要任何作業就已經符合條件
- 技術規定是一組最低需求條件

翻成白話就是說：「技術題型」考試不會考，聰明的學生就應該把時間花在重點科目，而且「技術題型」只需要通過最低限度的門檻，大部分的人甚至不用念就能考過。

那根據 Google 官方，什麼才是提升搜尋表現最重要的任務？是「網站內容」。建立實用、可靠、以使用者為優先的內容。

▋ 埋設關鍵字無用論

很多人問：關鍵字如何設定？該埋在哪些地方？

問錯問題了。這些都是「拉皮」，只是針對既有內容的微調和裝飾，和內容寫作無關，和提升排名無關，只是浪費時間而已。

面對關鍵字，你要思考的是：怎麼樣才能創造出符合主題的內容？這內容是不是搜尋的人會想要的？

如果不是，請直接重寫，不要塞字。硬塞關鍵字除了無效，還有可能會被判定為「垃圾內容」，加分不成反而還倒虧！

像以下這樣的內容就屬於「硬塞關鍵字」，是會直接違反《垃圾內容政策》的範例[3]：

> 快領取 APP 點數。許多網站聲稱會提供 APP 點數，使用者不用另外付費，但這其實都是假訊息，只是為了欺騙想要獲得 APP 點數的使用者。但在這裡，您可以直接取得無上限的 APP 點數，現在就前往 APP 點數領取頁面，享受這項福利吧！

3　https://developers.google.com/search/docs/essentials/spam-policies?hl=zh-tw#keyword-stuffing

你看，上面這段話有事沒事就一直重複「APP 點數」，它其實也沒有做得很過分，有點像小時候造句練習，只是硬湊得不太自然而已。但這樣做，對 Google 來說就足以讓網頁落入「垃圾內容」的範疇。花了時間塞字，最後還變成違規，根本得不償失。

■ 學會寫作

搶奪搜尋流量，你最該研究的是如何寫好文章，是掌握寫作技巧，而不是了解關鍵字怎麼塞、鑽研各種技術設定怎麼微調。

搜尋引擎的致勝原理是寫作，創作者才是主角。光是知道這件違反大部分人直覺的事，你就已經贏了。

02

文章開頭的 2 秒內就要超級吸引人

──「第一眼」是文字成功的唯一機會

你的內容亮點必須出現在開頭，其他位置都是失敗。

為什麼？因為文字有物理性質。要先有好開頭，讀者才會決定「繼續看下去」：

- 標題：無法吸引人就沒人肯讀
- 社群發文：要有人點擊「查看更多」才會看到全文
- SEO：進站第一眼必須馬上解答，甚至進站前 Google 早就「劇透」了

就連長影音、短影音的要求都是這樣。訂閱破億的創作專家分析：你的內容必須讓人一打開就看到重點，甚至還要剛開始就超乎期待，絕不能把亮點往後拖延。

「精華提前」（frontload）不只是基本概念，更是你能用的唯一招式。你的內容要在 2 秒之內抓到讀者的注意力，不然就會前功盡棄。

■ 所有目的都是為了第 1 句話

文案傳奇喬瑟夫・休格曼（Joe Sugarman）說過，文案一切的吸睛元素，目的是讓人看第 1 句話。

第 1 句話存在的目的，是讓人讀第 2 句話。第 2 句話的目的是第 3 句……直到讀完。所以，標題為的是第 1 句、頭條是為了第 1 句、圖片也是為了第 1 句，全部的設計都是為了把視線導向首句。

第 1 句話才是整篇文案的重點位置。搞錯重點，那就是連文案基本原則都還沒搞懂。

■「摺頁之上」的重要性

「摺頁之上」（Above the Fold，ABF）是在你往下滑之前顯示的那一幕。

從字面上看，它就是報紙摺起來時，客人能看到的那面「頭版」，同時也衍生為網頁開發的術語，代表最先顯示資訊的最重要版面。

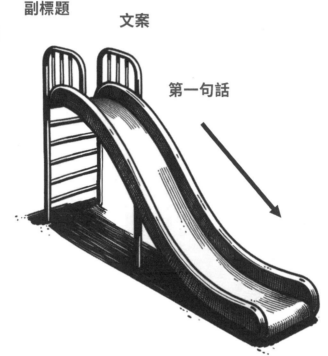

段落標題　副標題　文案　第一句話　購買

你平常大概不會去留心每篇貼文、每個部落格文章的「摺
頁之上」寫了什麼,但它卻是最值得你研究的地方。

因為這是資訊的物理性質——你會停留在某一篇文章、往
下閱讀任何一篇社群發文,都是因為「摺頁之上」的內容讓你
願意往下看。你要先點擊「查看更多」才有討論的餘地,否則
整篇內容都無效。

■ 讓讀者馬上找到解答

在搜尋情境裡，讀者的注意力是極度渙散的，耐心是低落的。沒有人願意耐心讀你的文字、爬梳你的意見。你的文筆在這裡毫無價值，請馬上回答問題、解決讀者的疑慮，然後，才可以考慮自由發揮。

原因很簡單，摺頁之上的內容，是讀者搜尋時最期待看到答案的地方。

如果讀者不能馬上找到答案，那就是搜尋引擎的失職，它的演算力會全力降低你的排名。如果讀者看不到重點，他下一秒的選項不是往下滑、繼續找，而是直接跳出。他會在幾秒之內馬上離開、去到你競爭對手的頁面。

任何「拖延」只會是個愚蠢戰術，因為你正在對抗搜尋引擎的運作原理，和讀者需求逆向操作。

很多人會疑惑：馬上給答案，那讀者不就馬上看完、馬上「跳出」了嗎？數據顯示：從來不存在「晚點解答就能暫緩讀者跳離」的邏輯。你不馬上解答，那就是沒排名、沒流量、零停留。看不到解答，讀者才會在 1 秒之內就跳出。

■ 前言是垃圾

前言的作用與垃圾等價。

　　任何主流文字的載體都不需要你的「前置鋪陳」。廣告不要、新聞不要，SEO 文章更不需要。不只文字，連短影音、長影音的專家都告訴你：在影片播放的瞬間就該出現精華。

　　古代的文章撰寫講求「起承轉合」、「冒題法」，這用在現在就是錯誤的寫作方法。因為古代邏輯完全沒料到：文字的閱讀竟會發生在數位裝置，它也沒料到讀者在數位裝置上，竟要面對 100 個同時爭搶注意力的訊號。

　　這種忽視跳躍式閱讀、分心閱讀的錯誤假設，就會讓前言把整份內容變成垃圾。

　　別誤會，這不是說那樣的寫作技巧是垃圾，而是你要認知到，無法被「開始閱讀」的內容，命運只能和垃圾（spam）相同：被徹底忽略。

　　想想：你要有怎樣的過人文采，才能藐視讀者的閱讀載體、違抗資訊的物理原則？

▍虎頭豹尾才是王道

　　內容的開頭只能允許你破題，你只能開門見山，沒別招了。

　　別迷信歐美和華語的「寫作文化差異」。你用的 Google、臉書、推特是哪來的？都是歐美來的。搜尋引擎就是 Google，美國矽谷的 Google，它並沒有分成歐美自己一套，然後配合中文的「起承轉合之美」再放另一套。

　　所以，精華必須提前，重點必須「劇透」。頭重腳輕，這是寫作的基本原理，也是包含你我每個人的唯一閱讀習慣。

　　文字創作力很強、文筆優美過人？很好，那你就虎頭「豹尾」。只要確保開頭具有最強的首波衝擊力，你結尾要畫龍都行。

　　但如果開頭弄錯，你連滿滿批改的低分作文都不會收到。開頭錯誤的文字下場只會和垃圾一樣，成為毫無流量的雜訊。

03

從零開始，
把關鍵字排上 Google 的方法

—— 只要有「文字寫作」的能力，你就能做到

▌建立內容

　　大家打開 Google 都做什麼？絕大多數人使用 Google，目的都是「找資訊、查資料」，所以，你的官網要建立「值得查詢的內容」。

- 有沒有認真產文的部落格？
- 公司有沒有人定期寫文章？
- 有沒有專家來審核頁面？

　　來找我洽詢 SEO 的品牌，10 個有超過 8 個，這些都是「零」，官網都是沒有建立內容的。網站如果缺少內容，那「關

鍵字流量」會找不到你，你的網站就落入「無法從 Google 獲得有效流量的 95.92%」群體裡面。

沒有流量等於沒有成效，沒有內容，也就沒有 SEO 可言。

■ 提升字數

值得關鍵字排名的內容，字數要多少才好？最少 3,000字。雖然官方說法是沒有固定字數，但事實是這樣：

- 越競爭的關鍵字，內容字數越爆量
- 內容字數高的網頁，排名表現很好
- 知名的 SEO 業者自己都花很多資源寫長文
- 歐美 SEO 專家 Backlinko 的經驗：越長的內容表現越好

同樣品質，內容的「料越多」，那排名應該越前面還是越後面？當然是越前面，因為它「更值得被搜尋到」。

我自己的 SEO 內容，少的話不滿 5,000 字，常態都是5,000 字以上，長文則是 10,000 字以上（本書截稿時，搜尋引擎近幾次更新有獎勵簡潔、快速滿足需求內容的傾向，但料越多、越值得搜尋的原則不變。）。

■ 關鍵字優化

把關鍵字放在「脈絡裡」，不要「硬塞」。就像我話講到一半，突然冒出一整句：「關鍵字關鍵字關鍵字……」這不是很突兀、對內容品質很扣分嗎？

這樣塞不但沒效，看起來還很「掉價」，Google 是「懂得」判斷這樣的內容品質的。所以請你把關鍵字放進「脈絡裡」，放在這些重點位置：

- 網頁主標題（title）
- 內容的段落標題（headings）
- 內容剛開始的地方

比如，你想要把「法務顧問」排到 Google 第一頁，那你的內容脈絡要像這樣：

標題：【*法務顧問*知識懶人包】
段落標題：
- *法務顧問*處理事項
- *法務顧問*專精蒐證
- *法務顧問*不可以做什麼？
- 請*法務顧問*多少錢？

有沒有發現每個段落、標題都有「法務顧問」關鍵字？事實上，我就是靠這樣的架構，把「法務顧問」在 48 小時內排上第一名。

■ 內容優化

到這邊，你已經認識以下重點策略了，把這些結合起來，就可以馬上成功執行：

- 建立內容
- 提升字數（刪除冗字）
- 關鍵字優化

假設你要的關鍵字是「法務顧問」，那你的首要任務，就是建立和「法務顧問」密切相關、值得查詢的內容。再來，把字數提升。根據「關鍵字脈絡」，寫法務顧問的處理事項、蒐證的專業、不該做的事、顧問費用……

你會發現，按這樣策略寫出來的內容，都會緊緊切合「法務顧問」的核心。當 Google 要決定哪種內容更適合排名，當然是這種「密切相關」的內容最合適。

失敗的關鍵字優化，通常像這樣：

標題：【法務顧問】

段落標題：

- 律師事務所推薦

- 諮詢報價

- 快填表

- 付款

發現了嗎？這些「段落主旨」都跟關鍵字基本無關。Google 明明應該顯示「法務顧問」的資訊給搜尋者，但內文卻集中在「推薦、填表」這種不夠集中的東西，關鍵字當然就不容易排名。

▎判斷搜尋意圖

排關鍵字就像一場「所有試卷都開給你看」的考試，Google 已經直接告訴你前 3 名的答案怎麼寫了！其中的要訣就是判斷「搜尋意圖」（Search Intent）。

搜尋的人有什麼「意圖」？判斷的方式，就是直接 Google 關鍵字。例如我們搜尋「牙刷推薦」，前幾名的標題都是這些：

1. 2025 最新 10 款熱門牙刷

2. 2025 最新 10 大牙刷

3. 牙刷推薦排行榜 2025

……

很明顯，能排名的網頁就是要跟「排行榜」有關，如果你寫「牙刷怎麼用」就排不上去。所以，請根據「搜尋意圖」優化你的內容。

步驟：選關鍵字→開 Google 看搜尋意圖（別省略）→根據「意圖」優化內容

■ 看 GSC

GSC（Google Search Console）就是 Google 官方的搜尋工具。它太重要了，但我發現很多人完全不裝，等於是「靠直覺」、「靠感覺」判斷自己的 SEO，很像你矇著眼睛射飛鏢，是可能中紅心沒錯，但機率太低了，絕大多數結果都是脫靶。

關鍵字排名是「數據分析」的領域，請你用數據說話。GSC 會明確告訴你：

• 你網站的近期流量表現走勢如何？

• 客戶查了哪些關鍵字進站？

• 這些關鍵字你的排名位置在哪？

• 關鍵字的點擊率高嗎？

• 哪些網頁有確實得到曝光？

　　如果你到現在還沒有裝 GSC，建議你馬上去串接。你只需要做一次，未來優點無窮、商機無窮。（這點很重要，本書將會多次提醒。）

▌在內容裡加上連結

　　連結，就是讀者點下去後，可以通往不同頁面的項目。「連結」對排名影響極大，千萬別小看連結的威力。

　　Google 強力地依賴你的連結來判斷排名訊號，得到越多連結的頁面，就越容易排名，所以你最好在首頁加上能通往重要內容、重要商品分類頁的連結。比如「燕麥」這個關鍵字最重要，而你有「燕麥吃法、推薦、熱量」等等頁面，那請把所有跟「燕麥」有關的頁面，都加上連結、指向「燕麥」。

燕麥（4）

↳燕麥吃法（1）

↳燕麥推薦（1）

↳燕麥熱量（1）

↳燕麥粒（1）

Google 其實是用「連結架構」來判斷你的「網站架構」，而不是靠技術框架。加上這樣的「連結架構」，Google 就會知道「燕麥」得到 4 個連結，是所有內容裡最多的，所以，它在你的網站裡，就是最重要的頁面。這個內容小編就能優化的架構方式，在 SEO 的效果會比工程師設定好久的技術，都還要有效。

▋重點在於內容

上述這些策略的核心重點都相同：高品質的內容。如果你對內容品質深度執著，那麼排名就是遲早的事。

- 建立內容：網站要先有資訊、知識，才有被搜尋到的價值，才會有排名和流量。
- 提升字數：確保你的內容「有料」。
- 關鍵字優化、內容優化：讓讀者搜尋到你的時候，能找到「和關鍵字密切相關」、集中火力的紮實內容，不模糊、不離題、不亂塞。
- 判斷搜尋意圖：內容要符合搜尋者的「意圖」，不讓讀者看到他沒興趣的東西，才有排名的價值。

　　以上建議全都是小編、內容創作者的等級就可以做到的，沒有複雜的工程師設定，或者開發者專屬的資訊。

　　因為 Google 說：內容才是主要的最佳做法。Google 說：技術只是最低門檻，大部分網站不用任何作業就已經夠了。所以，重點在內容。請把資源放在最重要的地方，考試不會考的題目，別去理它。

■ 開始執行：寫出優質內容

　　其實，成功排名最重要的一環，就是「執行」，而寫內容，是排名的必要條件。所以，做就對了！

04

當個「說話像 5 歲小孩」的專家
── 不備存貨，卻賣破 400 單的 4 大簡化寫作技巧

> 「如果你沒辦法向 6 歲小孩子解釋，那就代表你還沒搞懂。」
> ──阿爾伯特・愛因斯坦（Albert Einstein）

寫作時，請把讀者「當白痴」。這不是輕視讀者，而是確保寫作者「維持專業」的警惕。

我以前從銷售文案專家口中問到這個精華「寫作重點」，過了三年，這項原則仍刻在我團隊的顧問教材中，至今受用無窮。

「花媽媽日本代購」在電商平台上，很罕見地寫出上萬字的專欄知識文，不但讓高商業價值關鍵字「日本吸頂燈」、「吸頂燈代購」排上 Google 第一，更聰明地把自然流量導入產品代購結帳頁。每件三、五千的 Panasonic、HITACHI 吸頂燈，常年佔據委託代購的熱銷排行榜，總委託量破 400 單。

原來，「把看的人當白痴」就是他們總結出的關鍵寫作要點。

■「簡單寫」的文案為什麼能大賣？

「寫太難」是很多商業文案易犯的錯。

寫作者因為更常接觸自己講的主題，會產生「知識盲點」——自以為交代得很清楚，卻忘記讀的人根本沒有你的基礎認識，結果寫得太困難，無法有效把重要資訊清楚傳達給讀者。

好懂、口語化的文字，能在讀者潛意識裡產生「親切」、「值得信任」的好印象。把文字弄得很艱澀難懂，試圖「裝專業」，反而會讓讀者失去耐心。

■ 用 5 歲小孩的話說

「把讀者當白痴」這件事在英文裡，甚至有對應的詞彙：ELI5（Explain Like I'm 5.），意思就是「用 5 歲小孩講話的方式向我說明」。知名內容行銷權威 Backlinko 就是用這樣的方法寫作，整個網站只用了不到 100 篇文章，就成功讓這個個人品牌在全美頂尖行銷專家中佔據一席之地。

直到我看過他的部落格文字，才真正認識什麼是「5 歲小孩口吻」：就算英文不好的人，也能輕鬆讀懂。

他使用了大量短句子，常常才兩、三個句子，甚至只寫了

兩個單字就換行，自成一段。能用極簡單的語言拆解複雜的行銷概念，代表寫作者必須真正弄懂知識才能辦到。

讀者的注意力這麼寶貴，你怎麼敢想著偷懶，讓讀者邊查資料、邊費心思考你在表達什麼？

英文還有句話是這樣說的：「幫他抬起重物。」（Do the heavy lifting.），應用在這裡也是相同的邏輯。作者應該讓讀者看得毫不費力，幫讀者把所有閱讀阻力與重量減除，他們才有餘裕思考「付錢的事」。

■ 文案簡化的 4 大寫作技巧

1. 圖片

一張圖片的表達力，勝過千言萬語。

面對高商業價值、極為重要的文章，我會費心畫圖，甚至聘請專業畫家，將複雜概念用手繪的原創圖片表達出來。懶得配圖、或隨便搭幾張素材圖，不過是作者「不夠努力」的證明。

2. 講大白話

複雜且容易失敗的字句，大概像這樣——

Google 搜尋分三階段運作：1. 檢索，透過稱為檢索器的自動化程式，從網際網路上找到的網頁下載資訊；2. 建立索

引：Google 會分析網頁資訊，並將相關資訊儲存在 Google
索引……

根本超難懂又有夠複雜的，對吧？真正有效的方式應該要
像「講話」一樣：

搜尋引擎就像是圖書館，它會把在網路上讀到的內容存進
館藏。當客人來借書，「圖書館員」就會根據客人想看的
主題，按照順序排出來。

3. 趕快給答案

很多人寫作有個壞習慣，會故意「繞迷宮」，總要拖延半
天，才願意給出解答。

事實上，讀者的耐心比你想像的低很多。當大家滑著手
機，在周圍充滿分心雜訊的閱讀環境裡，你的文字只要稍微
「拖延」，就會失去讀者的耐心。讀者一旦沒耐心就會離開，
到別的地方吸收資訊，這時你的內容效果當然也就大打折扣。

關鍵字排第一要多久？「2～6 個月。」
顧問費要多少？「**行情是每月 2 萬～8 萬。**」

像這樣趕快先給讀者解答才是正解，其他補充的說明，後

面再去慢慢解釋。

4.「痛恨」專有名詞

寫作的大忌，就是在解釋專有名詞的時候，用另一個新的專有名詞去說。

這不但「有講跟沒講一樣」，還把事情弄得更複雜。讀者的注意力太寶貴了，你不能期待他們花費多一點點的「腦力」在你的文字上，所以請把文字切碎、磨軟、小口親餵，別浪費讀者時間。

「請把看的人當白痴」。這是想寫出「會賣文案」的每個作者，都應該時刻自我警惕的箴言。

05

最優美的排版，是長方形的
── 排版不是語文問題，是物理原則問題

　　很多人說我的文字排版很美，甚至特別留言表示，收藏我的文章是因為要當作排版的「學習範本」。

　　我為了經營內容事業，需要花費大量時間鑽研歐美前線的文字高手，終於發現一個鐵則：文字排版要達到優美、好讀，它的形狀必然是瘦長型的，沒有例外。

　　我現在證明這法則給你看，並且讓你知道優美的文字結構要怎麼運作，保證你看完之後，會對文字的理解瞬間升高一個維度。

▌文字的物理定律

　　馬斯克說：「物理是定律，其他都是拿來參考的。」你可

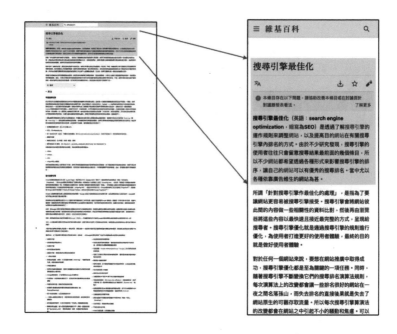

以反駁很多觀點，但你不可能違背任何一條物理法則。

內容必須瘦長，就是受制於文字的物理性質，因為用手機閱讀內容的讀者已經遠遠超過用電腦螢幕的。

據統計，使用手機查詢關鍵字的比例是電腦裝置的 2 倍以上[4]，所以文字的載體必定是又瘦又長的。無法遵守「長條形排版」的文字，都會被讀者的手機擠壓成長條的形狀，不管你喜不喜歡都一樣。

寫完字，請一定要用手機檢查。

---

4 https://www.sistrix.com/blog/the-proportion-of-mobile-searches-is-more-than-you-think-what-you-need-to-know/

■ 關於寫作的錯誤認知

「寫作」和「閱讀」天生存在著巨大資訊落差。

想像一下：聽到「寫作」，你腦海中浮現的畫面是哪一種？是握著筆桿、在紙上書寫？是用手指敲著鍵盤打字？還是握手機、滑螢幕？

如果不是滑著手機，那你就要特別注意了，你的「預設載體」和讀者並不相容。

鍵盤、稿紙都是早已過時 10 年、20 多年的老舊產物，人類的閱讀行為早已移轉到了手機裝置。（最新 iPhone 出到第幾代了，你知道嗎？）

你印象中的寫作，是寬扁的、是紙本的、是筆尖寫的，真實的閱讀行為卻是狹長的、是手機的、是拇指滑的。你的閱讀明明發生在手機上，但你的寫作行為卻還停在紙上。所以，你的內容注定不能和讀者期待相容，必定是不優美的！

要讓內容達到理想的狀態，你必須把它修成長條形。最好的做法，就是「頻繁分段」。

■ 兩句就成段

你有沒有聽過「單字不成行、單行不成段」？這是建立在稿紙時代的重要準則，但它和現在的閱讀載體卻是完全逆向的

概念。如果你還不能「徹底違抗」這條規矩的話,那就代表著嚴重落差。

廣告教父、奧美公司創辦人大衛．奧格威(David Ogilvy)說過:「寫短詞、短句、短段落。」

傳奇文案師休格曼說:「第 1 句話,要極短。」

關鍵字排名表現最好的內容專家們,都是湊滿兩三句話就趕快切成一個段落,甚至追求「單字成一段」的極端情形。因為在手機框架之下,這一切才是回歸正常、舒適的視覺效果。

那些還在「單行不成段」的老古板文字,在物理擠壓之下反而會變得不堪入目。

別再寫長句,請寫短詞、短句、短段落。

■ 別逼迫讀者專注

不遵守瘦長形狀的文字,讀起來是辛苦、困難的,因為人的注意力有極限。

科學家研究,人類的大腦有 2 種系統:

1. 偷懶系統
2. 專注系統

　　大腦是最耗能量的器官，所以經過演化後，人類會自動「精省」大腦的功率，只有在必要時刻，才會啟用需要耗費精神的系統 2，平常只開啟偷懶的系統 1，以便節省寶貴的能量。

　　你在滑手機的時候，會認真集中注意力，專心坐著幾小時嗎？不會。

　　手機有太多搶奪你注意力的東西了：推播通知、新郵件、短影音……你的專注力是發散的，所以使用手機的閱讀情境必定是「偷懶系統」。

　　你如果不拆散排版，讓它變得瘦長好讀，內容就會被擠成整坨「文字磚」，這就是在逼迫讀者開啟系統 2，要更專注才能看懂難讀的文字，導致他們下意識地「光速滑走」，因為字太多、沒耐心了，而你永遠不會知道原因。

　　想要搶奪流量，就請把排版拆散。

■ 以手機優先

　　臉書有機器學習、演算法的科技幫助，所以它清楚知道文字應該長成瘦長形狀這一點。它在天生設計上就強迫你：「最好給我排成長條形喔！」

　　你有沒有發現，就算打開電腦螢幕看，臉書的動態牆依然是瘦長型的？所以你不管怎麼組織文字，最後都會被擠壓成條狀。

Google 也很明白這件事。它在好幾年前就宣布了：「手機優先。」

搜尋引擎指定：你的內容必須要在手機裝置下充分友善，否則就會對排名不利。

排名表現好的內容，都是那些文字切碎、瘋狂分段、善用列點的。你會看到 2 句話、1 句話就獨立成一段的文字，你會看到用數個單詞就自成段落的文字。

■ 最有利的排版形式

如果你是講究美學、色彩、字型的完美主義者，你絕對不能在排版上失誤。把文字寫短、寫碎，別讓文字傳達到讀者眼前的時候被無情擠扁，這是影響內容閱讀比例最廣的地方。

它也是看起來最明顯，寫起來卻最容易被忽略的地方。它是你講究再多細節，加起來都比不上的核心關鍵。

你文字的形狀如果不是長方形，那就只會被擠得不成原型。如果不認識長方形的物理原則，你的文字就會是耗神的、難讀的、對讀者不友善的，那麼你的文字就會是最先被忽略的。

所以，開始把你的文字變成長條形吧！這樣寫，才是最佳做法。

06

你一定有專業，把它寫出來就贏了

── 注意心理學迷思：「知識詛咒」

　　我在臉書問答裡，被問了一個我很喜歡的經典問題，我敢賭，它也會發生在你身上。

　　問題是這樣的：「這是我寫的第一篇文章、給新手閱讀的咖啡文章，哪裡需要改進？」當我指出以下重點，對方馬上就看到改進的方向了。

　　文章的標題是「超新手」，但作者「手沖咖啡」的文章，開頭卻直接討論：萃取率、溶解度、綠原酸……甚至還畫出 9 象限沖泡圖表，專業度十足，也是深度的內容，但作者卻忘記了：這篇是寫給「新手」看的。（欸不是啊！我連器材都沒買呢，怎麼就開始討論「萃取率」？）

■ 知識的詛咒

這其實不是作者的錯，我自己常犯，而我敢賭，你也會，因為這是人類心理學的一種機制：「知識的詛咒」（Curse of knowledge）。

在《復仇者聯盟3：無限之戰》（*Avengers: Infinity War*）當中，反派薩諾斯對鋼鐵人東尼‧史塔克說過最經典的名言，就是：「我認識你，你不是唯一被知識詛咒的人。」

知道更多，成就的事卻變少了。

「知識詛咒」是心理學專有名詞，它的意思是說：你跟別人溝通的時候，會錯誤地假設別人和你一樣，擁有相同的背景和專業知識。但你忘記了，真正的客人、會來買咖啡器材的客人，可能連一杯咖啡都不曾自己泡過。

我自己也錯了很久，以前都很在意「如果我做『SEO問答』，萬一回答有漏洞怎麼辦？會不會有其他專家出來糾正我？」但其實這本身就是一種知識的詛咒。我的目標讀者是「想操作SEO」的人，不是「精通SEO的專家」。

對啊！我又不是要吸引同行、吸引其他專家來買我的服務。

等我意識到這問題，調整寫作的方向，內容表現直接突飛猛進。但沒有人提醒的我，也「錯過」好久。

■ 從不發威的猛虎，反而讓猴子稱王

從審核各種文章的經驗裡我還發現，等級高出好幾百倍的高難度領域專家，往往更少人願意寫「基礎知識」，這在「醫學領域」尤其嚴重。

「山中無老虎，猴子稱大王。」

我不具備質疑醫事人員的任何資格，但是在「Google 關鍵字」領域，我敢說狀況常常是這樣的——權威高出幾百倍的「白袍專家」們，往往專注在自己的領域內，但對「新手小白」的科普知識，卻很少人分享。

專家們說：「還有比我更強的領域大佬呢，我憑什麼寫？」但最後的結果，竟然是「行銷人」跑來寫癌症飲食、跑來寫某某重症該吃什麼進行「食療」，而且 Google 還排名得很好！我認為這是不能接受的。道德上不允許，也違背搜尋引擎的核心理念——專業知識該由專家寫。

但沒辦法：搜尋引擎排名是「比較」的概念。當老虎不出山，猴子們確實就是王。

■ 寫出來，你就贏了

該怎麼讓專家「願意來寫」？

我想到的解法是這樣的——找領域內的人士，對他說：

「你的產出是寫給『路人』看的，別理會什麼專業大佬。看看我們這些『行銷仔』在你最擅長的領域裡大言不慚，還得到很好的 Google 排名和出色的流量，難道，你想放任這種品質的知識在 Google 上流傳嗎？難道你的專業，贏不了我在 Google 上找到的資料嗎？」

能說服專業的人士認同「幫寫」，內容的品質就原地升等。這招目前勝率很高。

■ 你，就有資格寫

你，只要比路人強就可以了。寫給新手的攻略，作者自己當然不能是新手。

但我的經驗是，敢開「手沖咖啡器材」店家的老闆，自己不會是新手，反而是懂得超深的民間高手。隨口一問，就是「很多人都以為……其實不是這樣」、「真正的知識是……」等等自信滿滿的言論，但這些品牌的官網，卻都找不到最基礎的知識，因為專家自己常常不寫。

不論是營養的知識、病理機制或者手沖咖啡的步驟，身為這個領域的知識擁有者，你只要比路人強，那專家反而都寫不贏你。因為他們不想寫、他們被「知識的詛咒」困住。

▌同行專家、學術老師看到，出糗怎麼辦？

才不會勒！他們根本沒空理你，更別說在社群網站或 Google 上面細細糾正你寫的每字每句。而且，這些人是你的目標讀者、是會買單的客戶嗎？不是，別理他們。

在數位平台上寫作、要在網路上寫能賣的文案，設定「正確的目標讀者」才是最高指導原則。

▌日常專家：你的每天都是專業

如果你不是任何領域的專家，怎麼辦？

這一題 Google 也有解：「經驗值」。在特定領域的經驗當中，你也會是專家──「everyday expertise」[5]。

沒有醫師執照的你，當然不應該對「病理知識」暢所欲言，但是「生病調養的真實經驗談」是連專家自己都沒有的。在自己真實的經驗裡面，你比誰都「專業」。

▌分享經驗，打敗 AI 演算法

如果你上網查「咖啡器材評測」，你更想看廠商「自評自

5　https://www.mariehaynes.com/author-eat-webinar/

誇」、看虛假的廣告業配文，還是喜愛咖啡的消費者大膽指出「品質普普」的真實心得？

答案是「真實心得」。

只要內容夠真實、描述夠深刻，那麼富含經驗的內容，排名表現總是比業配文更好，而且這是 AI 不管怎麼進步，都寫不出來的內容，因為它需要現實世界的經驗。

這種「真實經驗」的閱讀體驗，表現比廠商的廣告文案更好。但這種內容，品牌不想寫、專家也不出面，而搜尋引擎追求的卻是這個，讀者想看的，也是這個。

寫出來，你就贏了。

07

把你的缺點大聲講出來，
反而會賣得更好

── 你是要讓客人看完會買，還是自己看完會爽？

　　「缺點」其實是個很能賣的關鍵字。

　　但很多文案不知道是怎樣歪樓的，成天吹捧、叫賣，堆砌出業味滿滿的激賞文字。其實這招效果很差。真正會賣的文案，是高度誠實的那種。

　　文案經典著作《The Adweek Copywriting Handbook》談過：「廣告用字必須誠實可信。」

　　傳奇大師休格曼為了追求極致成效，甚至在文案開頭大講自己的缺點，在最搶眼的開場位置直接點出自己的產品哪裡爛。先贏得信任之後再來說服，就顯得強悍有力。

　　最爛的地方都大方說了，後面還有什麼好懷疑？文字搶先贏得了消費者的信任，產品才能賣得又快又好。

　　消費者的眼睛是雪亮的，群眾集體智慧會看穿隱瞞在文案

裡的每一絲虛偽不實。

每個人都知道，這世界上沒有那種零缺點的東西。最頂、超讚賞的誇大文字最能製造出的情緒，就是滿滿的懷疑。

■ 建立信任

客人把錢交給你之前，需要對你有信任。沒有信任就沒有交易，這是促成交易、品牌信譽的最重要指標。客人必須先信任你，才會願意掏錢買單。

信任感在 Google 的品質評鑑標準當中，是凌駕於專業度、權威性之上的首要指標，內容的信任感一定要到位，才能稱得上高品質。

客人看完滿滿自誇之後，心中會浮現的最大疑慮是什麼？是對它有什麼缺點感到好奇。

解決它，就能建立信任、促成買單。

■ 消滅疑慮

強而有力的文案能預測讀者拒絕的理由，一個一個直球對決，無形中讓客人說服自己買單。高級的文案絕不是文筆優美，而是精準預判客人下一個拒絕因素，確實解答。

新產品不知哪來的、沒聽過？緊接著網紅的親身使用心

得。

　　萬一自己用了沒效，怎麼辦？沒關係，退費機制在下張圖就有說明。

　　為什麼銷售頁常常要放網紅見證、退款保證？就是為了要早一步消除疑慮、建立信任。這在越高價的商品越明顯。

　　因為買錯的成本太痛了，所以購買歷程越長，越需要慢慢做足功課，越不能忽視信任感。

　　每顆要價 9 萬、吃了馬上減重 5 公斤的新藥，廣告都塞滿滿好評，但沒提任何風險、社群也找不到任何使用者的負評，客人會怎樣？

　　會覺得：「讚啦！肯定是百年一遇的完美產品，買了！」這樣嗎？還是會覺得：「太可疑了吧。」接著上網搜尋副作用的線索？

　　客人這時候絕對會持續搜尋。

■ 搜尋資訊的真相

　　你知道嗎？「搜尋」是所有消費行為裡面最誠實的，比市調準確很多。

　　最權威的美國機構調查過，女性回報的安全性行為次數，每年會耗費 11 億個保險套。但改成調查男性，他們的市調大數據卻說，每年用掉 16 億個保險套。

男性、女性，誰才是最誠實的？沒有人。每個人都說謊，只是或多或少的問題。

實際市場銷售數據統計，保險套在美國的年銷量才不到 6 億。

《數據、謊言與真相》（*Everybody Lies*）一書挖出這些最深層的搜尋數據後分析：大家面對搜尋會真正放下戒心、道出真相。

比如男性會在 Google 裡面直接打出：「我的生殖器長度＿＿公分」，而資料科學家把這些數據蒐集起來，得到了接近「常態分佈」的尺寸圖表。

比如從 PornHub 成人網站的搜尋數據，就能知道不同種族偏好的「口味」。

所以，怎麼知道「缺點」是個會賣的關鍵字？拿搜尋資料來看就知道了。

■「缺點」是你最大的訂單來源

行銷最令人討厭之處莫過於「出一張嘴」，把怎樣能賣的訣竅講得天花亂墜，但是背後卻沒有統計根據，真正遇到問題的時候再來推給機運、推給預算不夠，但就是沒有數據。

搜尋最難能可貴的地方是它有資料、有憑有據。把關鍵字統計攤開來看，每季就是這麼多人在 Google 裡面完整鍵入「品

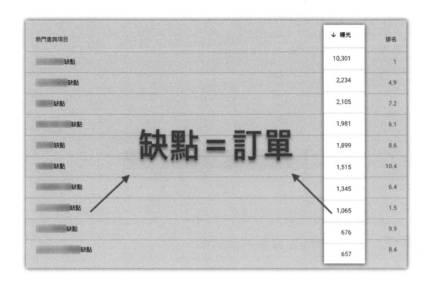

牌名稱 缺點」。

為什麼？

因為大家都只吹自己的優點，對影響成交至關重要的缺點絕口不提，但又投入不少行銷預算，所以搜尋引擎就有了針對「缺點」的大量需求缺口等你補足。

■ 緊抓你的話語權

如果缺點總有人會談，你希望主講者是你本人，還是把話語權留給對手？當然要自己講啊！

你可以說：「為了讓安裝簡便，我們有附上手工具。根據

統計，5 分鐘內保證你馬上搞定。」

你可以說：「這東西的缺點比起它的強大不算什麼，還是值得購買。」

但你不能把缺點直接刪掉不提，全部只談優點，讓客人買了之後才發現居然還要安裝。這導致的結果就是疑慮沒解決，客人繼續搜關鍵字，結果產品的缺點在你控制不到內容的地方，排上關鍵字第 1 名。

缺點是說服購買的最後一里路。請抓緊你的話語權，別讓競爭對手搶走你產品缺點的關鍵字。

建立信任首要的是資訊完整度，而不是掩耳盜鈴、假裝缺點不存在。你太需要一則有建設性的負評來建立信任了。

數據顯示，想要讓文字內容更能賣，那就把你的缺點大聲講出來。

⃝08

讓人不知不覺把文章看完的小技巧

──寫超簡單的文字，別讓讀者「認真」

你要想辦法把文字寫得超簡單，簡單到只瞄個 0.1 秒就會懂的程度，那讀者就能快速看完。「大白話文」是王道，寫出難讀文章反而才「不專業」，這背後是有理論依據的。

拿數學來比喻，就是請你出這種考題：

- 1 ＋ 1 ＝__
- 2 ＋ 2 ＝__

看到這 2 題數學，就算你不想解，答案也會「強制浮出」，腦袋有著自動解答的機制。為什麼？因為學者研究發現，人腦有 2 種系統：

- 系統 1
- 系統 2

系統 1 是「偷懶腦」，專門用來放空的。比如在捷運上漫無目的滑著手機、看文章，用的就是「偷懶腦」。偷懶腦可以執行已經「植入腦海」的熟練技術，比如「1＋1 等於多少」？就算你一邊發呆也能計算出來。

人類祖先在漫長的演化過程中，時常面臨威脅生命的危險，如果遇到毒蛇猛獸、天災事故的時候還在慢慢沉思、沒辦法馬上反應，那很容易就會滅亡。

系統 2 則是「認真腦」。用到專注力的時候，大腦就必須切換到「系統 2」，比如這個計算題：

- 17×24 ＝__？

這你肯定會算，但也要專心、開啟「認真腦」你才找得出答案。寫文字千萬別讓讀者去解這種題目、不要讓讀者開啟認真腦。

■ 文字陷阱

「認真就輸了。」

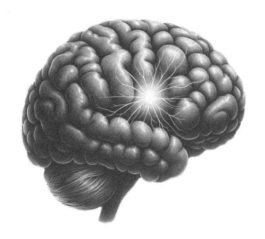

為什麼？因為閱讀你文字的人有超過 99％ 都使用「偷懶腦」。

大腦的運作會消耗很多能量，所以為了節省生存資源，大腦經過演化之後，平常不會隨意啟用珍貴的「認真腦」。

你看：剛剛你有去計算 17×24 等於幾嗎？我敢賭，一定沒有嘛！（答案是 408）

但我也敢賭，這兩題你肯定知道答案：

- $1 + 1 = 2$
- $2 + 2 = 4$

全部的讀者，包含你自己在內，看字的時候都用「偷懶腦」模式。相對地，寫作的時候需要認真，所以「作者」很容易誤判「讀者」的狀態、寫出難懂的字句。但作者自己在看字的時候，其實也不會花心思去解讀這種內容，這就是「文字陷阱」。

讀者看到困難字句的時候，他不會進入專注模式，而會直接離開，跑去看哏圖、回訊息，或刷個短片之類的。所以文字一定要超好懂，才能留住他的注意力。

怎樣能把文字做到超級好讀？用你平常說話的方式寫字就行了。只寫「口語」的東西。

▌講白話文

你平常講話不用的字，寫文就不要拿出來用。比如說「稍候片刻」就刪掉，要直接講「等一下」。

唐朝大文豪白居易為了追求作品極致好懂，他每次把詩作完之後會先讓老太太讀，如果老太太能懂，那才收錄成詩，要是不懂，就改掉重寫。「老嫗能解」的成語，就是這樣來的。

▌學會使用逗號

逗號，是句子裡面語氣停頓的地方。該停頓的地方，就要用好用滿。

　　很多人不愛用逗號，把全部的文字都黏在一起，但其實寫文一定要把文字好好切開，才不會讓人看了頭痛。

▌善用短句

　　用大量、破碎的短句子，能讓讀者在幾秒鐘之內「get 到」你要說的重點。使用錯落的短句，也是增加文字節奏感的重要技巧。就算讀者只是跳著看、邊滑手機邊看，短句都能高效率地佔據他寶貴的注意力。

　　你必須認清一件事：客人沒時間坐下來泡一杯咖啡，慢慢把手邊的文章從頭看完。網路資訊不是紙本書籍和報紙，短句子對時間有限、耐心有限的讀者才最有幫助。

▌段落標題

　　人的視線總會被標題吸引。

　　段落標題就像是幫每一段文字「取名字」一樣，它可以讓偷懶模式的腦袋「跳著看」。

　　文字太長、懶得從頭看到尾？沒問題！直接跳到重要的地方，跳到最後面的段落開始讀吧。

　　為每個段落加上一個精準貼切的標題，並使用加大、加粗的字體格式，會幫助讀者「視覺定位」、馬上找到想看的內容。

就算在社群、不能調整文字格式的地方，我也會刻意用黑色長條方塊當作段落標題，目的就是把礙眼的文字盡量切碎、讓閱讀阻力越小越好。當讀者快速刷螢幕，這些黑色方塊，就是能在那 0.1 秒的視野裡面抓住目光的東西。

當你抓住客人目光，他就更可能留下。當留下的客人看懂資訊的壓力越輕，他就有更多注意力關注你的資訊，接著買單。要是讓讀者沒耐心、找不到想看的內容，他不會繼續找，而是會離開。

▌大量配圖

人們用圖片吸收知識的速度是讀文字的 6 萬倍。同樣的知識，你用圖片表達的好懂程度，會遠遠比文字還高。而且，頻繁使用圖片把冗長的文字「破開」，也能讓缺乏耐心的讀者不知不覺吸收資訊。

在超級競爭的歐美商業內容裡，排名最高的頁面往往會大量配圖。最好的策略，是讓配圖數量多到讓電腦畫面裡「每一幕都有圖」。

這樣乍聽之下好像要塞很多張、很擁擠，但其實不會。因為讀者其實是用窄版手機裝置閱讀的，你需要大量圖片，螢幕變窄後才能回歸到舒適的視覺比例。

▊ 條列重點

把「重點」有條理地列出來，效果就像子彈一樣，高效、準確、直截了當。

在商業寫作裡，「列點」（bullet points）象徵你早就把重要資訊整理好、有條理地展示出來，這能增加你的可信度和權威感——因為你已經吸收過繁雜的資訊，並且梳理清楚。

列點是極短的文字精華，它會大幅增加由上往下的「閱讀配速」。

▊ 總結訣竅

讓人快速把文章讀完，其實只需要小編的文字技巧就能辦到。

訣竅就是這些：

• 寫超簡單文字
• 使用大白話
• 善用逗號
• 用短句子
• 段落標題
• 列點

09

高流量來自懂得做報告，
絕不只是擅長寫作

—— 只要肯學著做報告，就能整理出高品質的好內容

你知道最好的內容寫手怎麼找嗎？絕對不要徵「會寫文章」的人。

我發包過上百個寫作案件，最有效的做法是找「做報告高手」。整理資料、上台報告，這些是和高品質內容最直接相關的技能。

懂得做報告的人反而是最強的內容創作者，這些人甚至在「試寫應徵」的作品就能直接對外投稿；反而是那些標榜懂寫文章、作文比賽得獎的人，產出來的內容最沒用。

真正的高價值內容是來自知識的彙整能力，不是作文能力。抱持整理報告的概念製作內容的人，就算沒經驗，產出來的成品也會有很好的流量，而且不管在搜尋引擎、在社群發文都超有用。相反地，帶著寫作文心態的人，就會寫出無

用的內容。

　　大家一聽到「有料」的內容，腦海就會想到工具書、產業報告。這些高度原創、有價值的內容，才是能吸引大家分享轉發、收藏的好內容，有的甚至要付錢才能看到。

　　你看，當你在使用工具書、查資料的時候，你會享受把維基百科從頭讀到尾的過程嗎？不會。知識是要拿來應用、分析的。

找重要資料的時候，你喜歡作者先來段長長鋪陳、堆積生僻字和文學辭藻、賣關子嗎？不會。你會希望用最短的時間找到想讀的資訊，並趕快運用在該做的事情上。

■ 別陷入作文的陷阱

作文的思維，正好和讀者追求的實用性完全相反。它會引導人們寫出作者想表達的，卻是違反讀者需要的，所以成品是自私的、匱乏的。這種內容的實際排名表現就會很差，因為沒人想看。

你還記得上次欣賞作文佳作是什麼時候嗎？恐怕是考試的年代了吧。

現今的文字載體，沒有任何高價值的內容會用作文的邏輯呈現出來。作文不管在商用文案、關鍵字排名，都是最被嫌棄的東西。除了可以用來幫學生打分數之外，它本身毫無價值可言，又會降低內容創作能力。跳脫作文陷阱、用截然不同的框架面對內容，反而才是有效的訣竅。

■ 作文 vs. 報告的不同

如果你請擅長作文的人寫一篇含有「關鍵字」的文章，他會這樣寫：

在忙碌的生活中，**按摩椅已成為許多人的必備物品。按摩椅不僅提供放鬆和舒緩的按摩，按摩椅還能有效減少壓力。** 然而市場上的**按摩椅**種類繁多，選擇一款適合自己的**按摩椅**，對於大多數消費者來說是一個挑戰……

這整段話，除了看似有技巧地把「按摩椅」做作地塞進字句裡面之外，毫無實用性可言。講了半天，都是讀者會跳過的資訊。這種無聊的文字遊戲，是最早被 AI 工具取代的能力，硬塞關鍵字也是會遭搜尋引擎懲罰的做法。

反之，如果是擅長整理報告的人，則會這樣呈現：

按摩椅的選購要點在於機構性能、變化程度，還有滾輪導軌。直式導軌的按摩範圍較單一，而 SL 型導軌不但按摩範圍較廣，也能貼合人體曲線，通常更精準舒適，能有效避免家中多出一個大型衣架……

這些和文字本身無關，但和主題密切關聯的資訊，才是真正對選購者有用、能幫助選購決策的重點資訊。

如果內容不專注在解決讀者的問題，而是去寫一篇高分作文，那就會淪為廢文。當你整理出會出現在報告裡的內容，它就是對讀者真正有用的內容。

■ 挖掘獨創資料

優秀的報告整理者會設法找到獨特資料來源，會去實地訪查、詢問專家。比如我們會想到圖書館翻書、查看歐美原文資料，或做問卷調查，這樣的思考方向就會導向具有獨創性和深度的知識。你不用咬文嚼字，就自然能做出有價值的內容。

只注重寫字作文的人，幾乎都不會顧及高品質知識，而是先想到上網拼貼、換句話說，用最多的心思在文字編排，去設法掩蓋掉廉價的內容含量。這種方向就會做出重複性高、知識貧乏的垃圾內容。

■ 70-30 法則：70%研究，30%寫作

高品質的內容製作有個「70-30 法則」。它的意思是：請你花超過 70%的時間進行研究，剩下 30%的資源才用來寫作。

這會違反大部分寫手的直覺，卻能大幅提高內容品質，還能增進寫作效率。因為成功的內容關鍵其實不是打字，重頭戲在於思考和研究。

用花哨的文筆在一個作者自己根本不懂的題材上撰寫，產出的只會是花哨的廢文。但按照這個法則來做，即使是文筆普通的專家，依然能寫出高價值的內容。

所以，你應該配置更多的時間在研究和思考，而不是寫

作。用 70% 的資源研究、30% 寫作，而不是反向操作。

■ 懂得輸出的人，學會更多知識

你以前在學校有「上台報告」的經驗嗎？

報告前你得蒐集很多資料、整理重點，甚至還要背稿。附件、參考資料可不是像台下的人一樣「聽過」就搞定了，你是要真的學會、能舉一反三，不然被舉手的聽眾問倒、被教授發現準備不全，臉就丟大了。

這樣一來，同樣的知識對「台下聽報告的觀眾們」跟「上台報告的你」，誰學到更多？當然是你學得更深。

「輸出」遠遠比「輸入」進步更多，「寫文」就是一種輸出。「讀完」寫作經營的貼文，跟你自己「寫出」一篇，所需要的知識量天差地別。

由此可見，想要長知識，寫文會比閱讀學到更多。

■ 只要含金量夠高，文章越長越好

我有一篇投稿是寫關鍵字排名、長達幾千字的長文。我最常被提問的問題就是：「這樣字不會太多嗎？讀者看得完嗎？不會很快跳出嗎？」

事實是這樣的：沒料的文章就算寫得再短，讀者也是看兩

眼就馬上離開；而切身相關的內容、有知識含量的工具文，自然是越長、越豐富越好。它是要讓人應用的內容，不是為了讓人「看爽」的文章。

實際上這樣的文字不但排名表現很好，能被接連轉載，當它被貼上社群的時候，照樣得到數百的分享數和大量互動。

有價值的內容在不同類型的平台上都能發揮作用，而能獲得高流量的，是懂得篩選、整理並產出有用知識的、會做報告的人，絕不是擅長撰寫花哨作文的人。

CHAPTER 2

認識 SEO，
讓你的資訊
被更多人看見

人類在 Google 上半小時的搜尋資料，可以建出 27 座圖書館。[6]

6　https://youtu.be/tFq6Q_muwG0?t=1791

10

為什麼要做 SEO ？
幹嘛不買廣告空降第 1 名就好？

—— 拿下長青穩定的流量，但你有耐心、沉得住氣嗎？

SEO，翻成中文是「搜尋引擎最佳化」，也就是想辦法讓你的網站更容易被找到，把關鍵字排名提高，讓人一搜尋就找到你。

很多人聽完會問：提升搜尋排名，那買關鍵字廣告不就好了嗎？

這沒錯。但問題是你有沒有想過，搜尋廣告為何能賣錢？為什麼有人願意付錢買廣告？答案是「背後的流量」，而且是大到爆炸的搜尋流量。

搜尋流量巨大到就算你在上面放廣告，也總有足夠多的客人點進去看。只要獲取搜尋流量，打廣告的人就可以從中獲利。

和廣告不同的是，SEO 的目標是滿足搜尋需求，它是直接

擔任「最值得被搜到的那個東西」。

同樣是賣貨，你可以對外推銷叫賣，你也可以讓客人主動上門。為什麼不試試直接成為被搜尋的對象、讓客人主動查詢到你？這就是 SEO 和關鍵字廣告（PPC）的差別了。

■ 搜尋行為背後的龐大商機

高達 68 ％的網路行動[7]，都是從搜尋開始。據統計，Google 每秒要處理 99,000 次的查詢[8]、每天有 85 億個疑問需要被滿足。它的任務是在極短的時間內，讓搜尋者在龐大的知識庫裡找到想看的資訊。

人潮就代表錢潮。只要成為客人想要找的資訊、解答他購買前的疑問，你就能獲取訂單。

■ 搜尋廣告是什麼？

人事要不要錢？伺服器要不要錢？資料保存要不要錢？要嘛！而且很貴。但 Google 營運是不收費的──至少你上網查資料，從來沒付過錢給 Google。

7　https://ahrefs.com/blog/seo-statistics/#top-seo-statistics

8　https://blog.hubspot.com/marketing/google-search-statistics

搜尋引擎專賣一個東西：搜尋廣告。如果你願意付費，它就每天讓你出現在有上億搜尋流量的顯眼位置、幫你獲利，而且只有別人和廣告互動的時候才算錢[9]，光晾在那、沒人點擊就不收費。

關鍵字廣告是搜尋引擎的印鈔機，幫 Google 帶來極大收入。在 2023 年的第 2 季，它賺了 420 億美金的營收[10]。3 個月就帶進幾百億、折合台幣破兆的金額，可以說是一隻賺錢巨獸。這些廣告也為無數中小企業帶來客源、生計。

■ SEO vs. 搜尋廣告的差異

SEO 和搜尋廣告是完全不同的，它們有這些明顯差異：

- SEO 免費[11]；廣告必須付錢。
- SEO 需要長時間累積；廣告馬上就能顯示。
- SEO 是搜尋引擎裡的資訊；廣告則會被系統標記。
- SEO 讓客人自己找上門；廣告是主動卡位到讀者面前。

9　https://www.youtube.com/watch?app=desktop&t=70&v=j0q_7SRcLWY&feature=youtu.be&ab_channel=Google

10　https://searchengineland.com/google-search-revenue-rises-5-slight-increase-total-ad-revenue-429861

11　https://support.google.com/google-ads/answer/6054492?hl=en&ref_topic=24937&sjid=1583817851744614611-AP

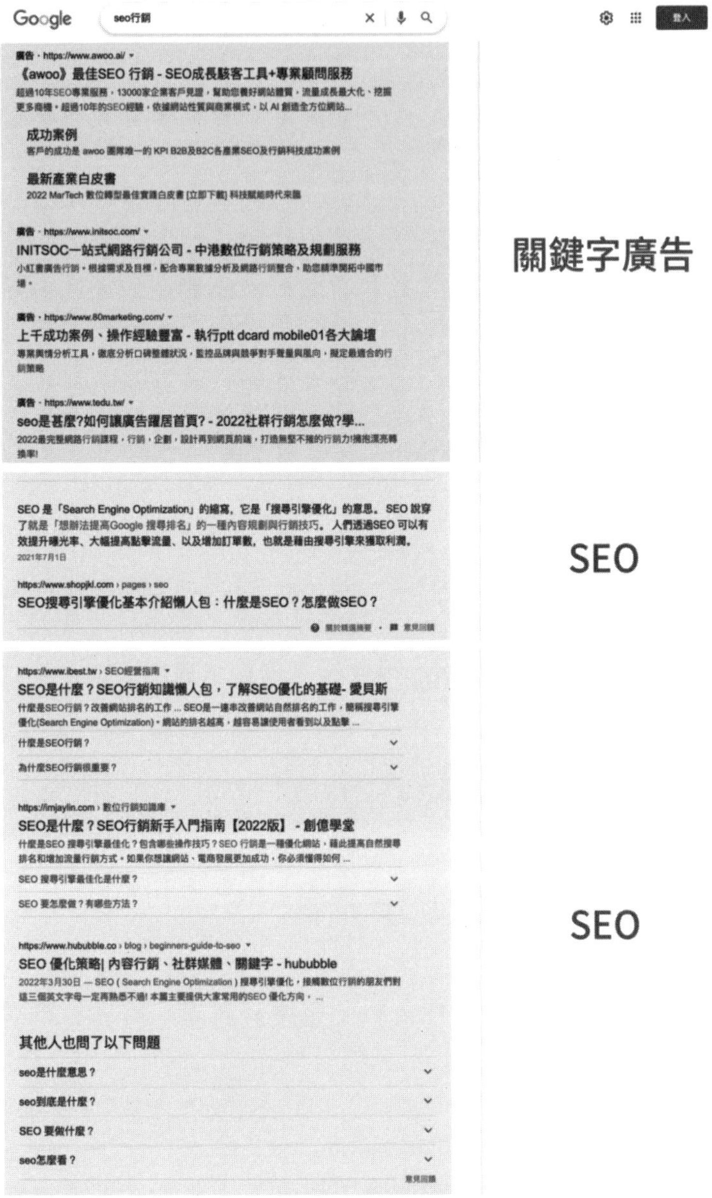
Google
seo行銷
登入
《awoo》最佳SEO 行銷 - SEO成長駭客工具+專業顧問服務
成功案例
最新產業白皮書
INITSOC一站式網路行銷公司 - 中港數位行銷策略及規劃服務
上千成功案例、操作經驗豐富 - 執行ptt dcard mobile01各大論壇
seo是甚麼?如何讓廣告躍居首頁? - 2022社群行銷怎麼做?學...
SEO 是「Search Engine Optimization」的縮寫，它是「搜尋引擎優化」的意思。SEO 說穿了就是「想辦法提高Google 搜尋排名」的一種內容規劃與行銷技巧。人們透過SEO 可以有效提升曝光率、大幅提高點擊流量、以及增加訂單數，也就是藉由搜尋引擎來獲取利潤。
SEO搜尋引擎優化基本介紹懶人包：什麼是SEO？怎麼做SEO？
SEO是什麼？SEO行銷知識懶人包，了解SEO優化的基礎- 愛貝斯
SEO是什麼？SEO行銷新手入門指南【2022版】 - 創億學堂
SEO 優化策略| 內容行銷、社群媒體、關鍵字 - hububble
其他人也問了以下問題
seo是什麼意思？
seo到底是什麼？
SEO 要做什麼？
seo怎麼看？
關鍵字廣告
SEO
SEO

- 做好 SEO 必須經營高品質內容；廣告想要有效，則要注重好文案 [12]。
- 只要有人搜，SEO 必定會出現；廣告要有版位才能顯示，80％的搜尋沒有廣告版位 [13]。

　　廣告和 SEO 哪個好？各有各的好。它們兩個各司其職，合併起來才能構成搜尋引擎行銷。

　　搜尋引擎最佳化（SEO）＋關鍵字廣告（PPC）
　　＝搜尋引擎行銷（SEM）

　　所有的搜尋流量始於人類的搜尋需求，Google 也先是一個搜尋引擎，再來才是一個廣告平台。擔任被搜尋的對象、經營能讓客人主動找上你的 SEO，是常被忽略的強大武器。事實上，它是你善用搜尋引擎、經營行銷不可或缺的重要技能。

■ 用 SEO 建立堅實的信任基礎

　　你肯定用過 Google 找資料、蒐集資訊吧。當你找到想要

12　https://backlinko.com/hub/seo/seo-vs-sem
13　https://www.youtube.com/watch?v=j0q_7SRcLWY&t=129s&ab_channel=Google

的資訊、問題得到解答，你就對資訊產生了信任感。你會拿這些資訊做重要決策：包含影響身家財產的決策、決定醫療與健康的決策。而這些都是你自己找的，不是別人塞給你的。

當讀者自己搜尋到你，比起你主動塞廣告給他、要求他來你這裡，兩者代表的信任度天差地別，知識被主動找到所能建立出的信任感無可取代。

廣告顧問甚至會建議，品牌在投放關鍵字的同時也經營好知識內容。因為良好的 SEO 能建立起重要的信任基礎，連帶降低廣告成本、提高成效。

■ 在某些領域裡廣告無效

在很多情境中，廣告是很強大的導購工具，只要資金夠雄厚，它可以讓你出現在搜尋的每個角落，當客人被「洗腦久了」，就會進你的網站下單。但其實有超多商業模式是不能靠廣告帶客的：

- 高價大型傢俱
- 賣給企業的 B2B 服務
- 昂貴卻重要的顧問服務
- 動刀就無法反悔的醫美手術

這些都不是你光靠曝光就能成交的東西。它們是客人在購買前會做大量功課、問各種高難度問題、下定決心前考慮超久，才會執行的交易。

2022 年 Google 對 3,400 條消費歷程分析的報告指出[14]，消費者在購買前會「貨比三家」。比價、找資訊、做功課的過程，最顯著有益處的是搜尋引擎、SEO。

你不能把交易看成單純的打廣告、成交，沒這麼簡單。真正的下單絕不是看到廣告就買單，實際上是穿梭在各種資訊之中、經過混沌決策的歷程，最後才購買商品、申辦服務。

■ SEO 可以讓關鍵字歷久不輟

再強的關鍵字技術，在你投放結束的那瞬間廣告就會消失了。本來待在最頂端、第 1 名的文案，一旦不繼續「課金」，就會完全不見。你必須先付錢，才能賺錢[15]。

相反地，良好的 SEO 則能讓你的關鍵字長久排在頂端位置。只要經營夠好，它就能長期待在首頁，被動得到源源不斷的搜尋流量、持續收穫訂單。就算不持續經營，它也能持續待著，排名不會消失。

---

14 https://www.thinkwithgoogle.com/intl/zh-tw/consumer-insights/consumer-trends/2022-智慧消費關鍵報告 - 共好價值心商務 /

15 https://ahrefs.com/blog/seo-vs-ppc/#ppc-pros-and-cons

▌SEO 非常考驗耐心

關鍵字廣告必須付錢，而 SEO 的流量卻是免費的。但想經營好 SEO 則必須要投注資源，這些資源反而不一定便宜。

比如說你懶得經營 SEO，那雇用像我這樣的顧問服務提供者，可能就要負擔不便宜的顧問費。而且，SEO 需要花很多時間才能看到效果。根據 200 萬個關鍵字的統計，排上 Google 第一頁平均要花 3 到 6 個月[16]。

如果你沒有足夠預算，你就不能投關鍵字廣告。但如果你有足夠的耐心，就算沒錢你也能靠經營內容、透過 SEO 獲取珍貴的搜尋流量。也因為這樣，當你經營好 SEO 之後，競爭者要超越你的難度就會很高。因為他們也必須投入你那樣的時間和資源，才有機會追上你。

在 2020 年，SEO 估計有美金 80 億的產值[17]，並持續成長[18]。搜尋引擎上有著無窮的商機和流量，但，你有耐心嗎？

---

16 https://ahrefs.com/blog/how-long-does-seo-take/

17 https://www.forbes.com/sites/tjmccue/2018/07/30/seo-industry-approaching-80-billion-but-all-you-want-is-more-web-traffic

18 https://www.researchandmarkets.com/reports/5140303/search-engine-optimization-seo-global

11

怎麼用臉書文章做好 SEO ？

—— 你需要把臉書和 SEO 分開做

答案就是：把臉書的內容另外發一份在你的官方網站上就對了。

▎文章不要只發臉書

大家都聽過 SEO，但它是什麼意思？ SEO 其實就是「讓別人在 Google 上搜尋，很容易找到你」的意思。

那 SEO 跟臉書又有什麼關係？

講到 SEO 的時候，其實幾乎就只有 Google 而已，臉書「天生」就不容易被搜尋到，可能的原因有很多：

• 平台是封閉的系統，登入才能操作或是看到貼文內容

- 你不能加連結、使用段落標題、編輯語法
- 社群平台不會積極幫你做出 Google 友善措施

所以說，「臉書 SEO」是個迷思，如果真的要深入探討，它可以代表幾種含義：

1. 讓你的貼文「在臉書上」容易被別人搜尋到
2. 讓你的貼文容易被別人「用 Google 搜尋到」
3. 優化你的「臉書粉專、個人臉書頁」，讓 Google 容易搜尋到

但這裡有個嚴重問題：你無法控制各社群平台對 Google 的友善度。當社群平台對 Google 豎起高牆時，你變成又要看平台臉色、又要看 Google 臉色，相當棘手。

因此通常專家並不討論「臉書 SEO」。社群歸社群、搜尋歸搜尋。

所以，我建議你把臉書上的貼文再放一份到你的網站上。

▌社群和搜尋天生不同

臉書寫作和 SEO 是兩個截然不同的世界。

臉書是一個「社群平台」，你會在臉書上聊天、互動、討

論留言、滑有趣的動態,你的客人們也是。

SEO 是「搜尋引擎最佳化」,你輸入關鍵字,找資料、查知識,用 Google 進去不同網站裡瀏覽、購物。

使用者的目的、行為模式既然不同,兩者當然不能一概而論。所以,想要在兩個地方同時經營,確實讓臉書上的內容達到「搜尋引擎最佳化」,最推薦的方式還是把內容在臉書上、官網上,兩邊都放一份。

■ 放在「爬蟲」好找的地方

搜尋引擎怎麼發現你的內容?它其實是用「機器爬蟲」到你的頁面上「爬文」。爬蟲有讀到,它就會認識你;如果讀不到,搜尋引擎就不認識你。

發在臉書的內容能不能對搜尋引擎的爬蟲友善,你還要「看臉書臉色」。臉書不一定想對 Google(它的「流量對手」)太友善,它也不會告訴你實話,所以,這確認起來很不方便。

最保險的辦法,就是把內容貼在你可以掌控的官方網站,例如:

- 電商平台,像 Shopify、SHOPLINE
- 用 WordPress 架設的網站
- 媒體、企業官方網站

這些地方都可以，只要你可以自由調整 SEO 設定、不會被平台綁住就好。

■ 當心社群的「時效性」

在臉書發出貼文之後，不管多熱門的內容都會在幾天之內「沉沒」，再高的曝光和流量，過了幾天之後就會歸零，因為社群很吃「時效性」。你如果想得到新的流量，就只能「再發一篇」。

這和經營 SEO 的概念是相反的——SEO 要「瞄準」的是「一直都有人在搜尋」的需求，例如知識文、百科全書。所以你要挑的內容是不過時、是「長青有效」的，把這個內容放在網站上，它就不會「沉帖」，只要有人搜尋，它就有機會持續帶來「搜尋流量」。

■ 加入連結、指向臉書頁面

如果你想讓臉書粉專、個人頁面在 Google 上有更好的曝光，「加入連結」是個好用的招式。

- 部落格→連結臉書頁
- 自家官網→連到臉書頁

- 發布新聞稿→連到臉書頁
- 內容被轉載→請編輯加連結，指向臉書頁
- 經營多個臉書頁→在各個臉書頁加連結、互相串聯

Google 很重視「頁面和頁面之間的連結」，蒐集到越多連結的頁面，它的「權重」越高，有更高的排名機會。所以如果你的臉書頁想要有更好的 Google 能見度，加連結「指過去」就對了。

■ 別太相信平台

社群只是臉書「借給你」經營的，它隨時可以收回去，臉書有時候「翻臉跟翻書一樣快」，不信你看推特（X）就知道了。

有天馬斯克突然把推特改成「登入才能讀」，結果因為搜尋爬蟲無法登入、看不到頁面上的貼文內容，Google 收錄的推特頁面馬上少一大堆。根據《Search Engine Roundtable》報導，系統改版之後，4 天內推特在 Google 上的頁面數量，直接少掉 50% [19]。

所以，別相信平台會乖乖幫你把內容能見度「養好」，它如果哪天心情不好、隨便改改，甚至把你的貼文整篇下架，都是不會徵詢你同意的。

---

19 https://www.seroundtable.com/twitter-google-search-drop-35648.html

12

小朋友也聽得懂！
Google 搜尋引擎運作原理
── 讓世界上最大的圖書館找到你

　　我在去年看過一則用英文解釋搜尋引擎運作原理的貼文，它刻意用小朋友都能懂的語言，讓我印象很深刻。直到現在，我還是很喜歡作者的比喻。

Google 是怎麼運作的？它其實是一座史上最巨大的圖書館。圖書館的重要角色有這些人：

- Google：圖書館員
- 各式各樣的網頁：書本
- 你：借書的人

■ 當你去借書

假設你很想學習關於「愛情」的知識，於是你走進圖書館。你問圖書館員：「關於愛情，有什麼推薦的書？」

圖書館員打開電腦，從整座圖書館裡面找出和「愛情」最相關的 10 本書讓你選。如果你還想往下翻，15 本、20 本都可以。

但大部分的人都很懶、沒那麼多耐心。大家只會從 10 本裡面挑，而且通常都拿排在最前面的第 1 本書。

這就像是你上 Google 查關鍵字，按送出之後，就會在首頁看到 10 則你想查的網頁資料。

■ 最先被借走的那一本

哪本書最可能先被你借走？排名在第 1 的書通常最先被借走。

那要怎麼樣才會排在前面？這就要看哪些書和你想學的「愛情」最有關係、哪些最適合被圖書館員推薦。例如：書名提到「愛情」的，大概就是最有用的書了。除此之外，封面的副標題、目錄的章節，如果都講到「愛情」，那這可能也會是你想借的書。別忘了，書頁裡面的內容如果常常提到愛情，它也很可能對你有幫助。

書本上的資訊是圖書館員判斷排名順序的重要線索，這就像是你用 Google 查關鍵字，第一頁顯示的結果通常都包含你找的關鍵字。

▋書本之外的資訊

除了書上的線索，不在書本上的線索也非常重要。重點是「其他的書有沒有主動推薦」。

例如有本專門介紹心理學的著作，內容提到了這本關於愛情的好書，那被提到的這本就值得被圖書館員優先推薦。被越多書籍同時引用的好書，就越值得排在更前面。

來引用的那些書籍，它們自己也被很多書籍推薦嗎？如果有的話就更好了。越知名、越有份量的作者，他們的推薦就越有份量。

還有，來引用的那些書籍是不是暢銷書？越多人買、大家都想借閱的好書，如果都引用了本書的知識，那這本書價值就

越高。

　　圖書館員會優先給你被引用過的好書、被好書引用的好書，以及被暢銷書推薦的好書。

　　Google 很注重不同頁面之間彼此互相引用的連結，得到越多連結引用的頁面，就會排在越前面。

▌ Google 的運作原理

　　「愛情」是你輸入的關鍵字，被圖書館員推薦的書，就像網路上的不同網頁。

- 書名：網頁標題（Title）
- 章節：網頁的段落標題（Headings）
- 書頁：網頁上的文字（Text）

　　當網頁上這些重點位置都提到「愛」，就代表這個網頁和愛情越有關聯、越值得往前排名。

　　調整網頁上的這些項目、讓它變得更適合排名的操作策略，就叫做「內容優化」（On-Page SEO）。

- 其他書本：不同的網頁
- 引用或推薦：其他網頁上的連結（Links）

• 被引用、被推薦：從別的網頁得到連結（Backlinks）

被越多不同網頁連結的頁面，它的排名優先順序就越高。

這些不同網頁如果本身也有很多連結引用，那它們傳出去的連結份量就越高、越能幫助排名。本身排名就很高的網頁、得到很多搜尋流量的網頁，它的連結也就越重要。

在網頁以外、來自不同頁面的連結建立策略就叫做「連結優化」（Off-Page SEO）。

■ 影響排名的 2 大重點

能讓 Google 這座圖書館優先推薦你、提升排名的兩大重點，就是「內容」和「連結」。

如果你網頁上的內容、重點位置有包含關鍵字，如果你的網頁得到夠多來自其他頁面的引用連結，那麼你的排名就會越高。這樣你就弄懂 Google 的運作原理了。

■ 提升排名的正確方法

這些原理，很多人都懂。但他們的直覺是這樣：我想提升排名，所以要做這些事：

- 改書名，加上關鍵字
- 在書的章節埋入關鍵字
- 書頁內文「均勻撒上」好幾次關鍵字
- 叫其他作者推薦自己的書、花錢收買
- 還有空的話，把書皮做得美美的、把印刷紙做得更精美

　　但這些做法的效率其實都不太好、甚至是違反 Google 規則的。因為你正在把原本不適合借閱的書「捏成」看起來適合借閱的形狀、想要騙過圖書館。有些手段做得太過分，圖書館員甚至會直接黑名單，從此不再推薦你的作品。

　　提升排名的正確方法，就是直接把書的內容寫成最適合借閱的那個樣子，就好了。

　　當你的內容合適，它在各個重要的位置自然就會提到主題關鍵字，自然就會被其他頁面引用。這時候，圖書館員的職責，就是要想辦法把你的書排到最前面。

　　別去把本來不符合的內容，硬捏成看起來適合排名的形狀。提升排名的正確方法，是一開始就直接打造最適合排名的內容。

13

網路上這麼多內容，Google 怎麼決定誰排第 1 ？

——揭發搜尋引擎的排名公式

「影響排名最強的 2 大因素：1. 內容 2. 指向自家網站的連結。」

—— Google 工程師[20]

在還沒那麼久以前的 90 年代，搜尋引擎是廢物。雖然沒有到完全不能用的程度，但比如你輸入「白宮」，會找不太到美國總統府，反而會看到色情網站。因為經營那家成人事業的公司在他的網頁裡面，塞了上萬次「白宮」這個關鍵字。

史丹佛大學裡有 2 個學生發現搜尋引擎超難用的這個問

20　https://searchengineland.com/now-know-googles-top-three-search-ranking-factors-245882

題。他們說：「我們要開發全新的搜尋引擎，目標 100 億營收。」100 億通常是很離譜的數字，連市值都不敢喊這麼高，但這 2 位學生做到了。

他們是賴利 · 佩吉（Larry Page）和謝爾蓋 · 布林（Sergey Brin），Google 搜尋引擎的共同創辦人。這 2 人發明出「頁面排名」的數學公式：排名最好的應該是「被引用最多次」的那一頁才對。

他們在搜尋引擎裡面加入這些公式，大家覺得超好用！排名最高的網頁都是品質好、有權威的頁面。Google 也因此成為搜尋引擎市場的龍頭，輾壓所有在座競爭者，一直稱霸至今。

■ 誰是大咖，看誰被引用最多次

你可能知道，想要判斷哪一篇論文更強大，大家是看「引用次數」。

假設我是個很混的學生，繳交品質不怎樣的論文，那寫完之後就會埋沒在學術海裡面。而你卻想出劃時代的新理論、登上重量級的論文期刊，給眾多好手一起評鑑。這時候，其他認同你的作者，就會在他們新的著作裡引用你的論點，作為發展立論的基礎。

當你得到很多引用次數，尤其被產業界的學者、得過諾貝爾獎的大咖引用，那你就會變大咖，你的論文就值得更高的排名。

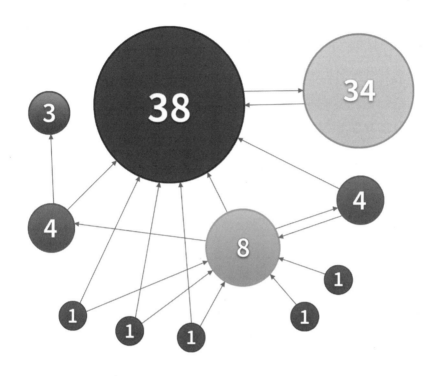

　　這裡有一堆書，要怎麼知道誰最該排第一？看誰被「引用」最多次就知道了。

　　《逆思維》（*Think Again*）引用了《快思慢想》（*Thinking, Fast and Slow*）的概念，《解決問題的人》（*See, Solve, Scale*）也引用了《快思慢想》……，那我們就知道：被多次引用的《快思慢想》很重要喔！

　　所以，怎麼決定哪一個網頁該優先被排序？看看這些頁面有沒有被「連結」就知道了。當你寫一篇部落格文章，插入一個通往《維基百科》的連結，你就引用了《維基百科》，為它投

下「信任的一票」。信任值越高的網頁,排名表現就越好。查詢到良好品質的頁面越多,使用者就越離不開搜尋引擎。

Google 發現這個機制實在太好用了,根本「戒不掉」!它把每個頁面都標上引用分數,獎勵那些擁有大量連結的網站,讓大咖網站上新增的頁面也能高速排名。Google 把「連結引用」的信任機制,深深刻在自己的核心系統裡。

■「洗連結」的漏洞

有規則,就會有漏洞。投機的行銷人看到這招,紛紛祭出各式各樣「洗連結」的花招,讓自己的頁面得到很多很多的反向連結,真是太棒了!

這些花招包括:雇用工程師,創造 1,000 個網站、10 萬個頁面,裡面全部灌入廢文,但彼此也像蜘蛛網一樣串成「連結網絡」。最後,再把這些連結訊號,灌進最想排名的那個關鍵字頁面上。

又比如:派一堆工讀生到別人論壇、部落格底下留言,說:「寫得真好,這是我的網站『白宮』,連結是:http://……。」於是,網路上開始充斥一堆爛頁面,在連結操縱之下得到超強排名。

人類又再度回想起輸入「白宮」找不到美國總統府,整個頁面卻被色情網站支配的恐懼。

▎貓抓老鼠的懲罰機制

有規則，就會有漏洞，也就永遠都有「貓抓老鼠」的戲碼在上演。

Google 運用資本主義的強大資源，開發出前所未有的深度排名演算法。他們雇用一整票擁有頂尖頭腦的工程師打擊濫用頁面，買下慘虐圍棋世界冠軍的 AI 公司，把 AI 技術用在搜尋引擎。所以，那種明顯粗糙的連結濫用手段、塞個幾十萬則連結的做法，直接受到了 Google 的嚴厲懲罰。

被標記濫用的頁面和網站，排名都被砍到見血，甚至從搜尋引擎中消失。許多依靠這些連結操縱手段維生的事業也應聲倒閉。

而那些擅長貓捉老鼠遊戲的資深玩家，又研發出更微妙的連結方式：

- 連結交換：你連我、我就連你
- 金錢連結：撒錢給專靠連結獲利的商人，你出錢、我來連
- 贊助連結：付錢太露骨？那就贊助免費商品、贊助活動交換連結吧

這些更隱晦的做法增加了貓抓老鼠的難度，也模糊了濫用的界線。雖然看不到以往的猖狂，但聰明的成人網站經營者，

依然有辦法用「升級版」的策略，提升自家網站的權重指數。

被懲罰？反正我有的是錢，換個網站重新再來就好。

經過 10 多年的迭代進化，Google 使用能「自學」的專門 AI 專注在快速辨識、消滅連結漏洞。就像圍棋一樣，看似複雜的連結操縱，都是有固定軌跡可循的。

比如說連過去的頁面，很剛好都是賺錢的關鍵字頁面，比如說常常短時間內湧入大量連結……對 AI 來說，只要讀懂對方的「呼吸」，並且擾亂對方的「呼吸節奏」就能勝出。

Google 宣稱，它現在不用再投入大量人力審核、懲罰了。只要被 AI 辨識到有「作弊」的軌跡，那麼這些連結造成的不當排名效果，就會被即時抹除。

■ 真正的機制：信任

搜尋引擎和「優化師」共同追求的極致是「信任」。只要你寫的內容夠屌、能和《維基百科》拚搏，大家就會願意插入連結、介紹他的讀者到你的頁面，因為引用你的意見就是引用專家意見。把你寫的好書分享給我的朋友，同時象徵了我很有學問。

說穿了，能夠永久提升排名的機制，就是同樣的核心原則——創作編輯認可。沒通過這個標準的，就不算高品質的引用連結。

當你在寫文章的時候，你會參考維基百科、會翻找知名媒體新聞網，身為創作者的你，會「自願」插入連結引用好的資訊。但你幾乎不會去挖掘某個不知名的小作家，用連結指向他的論述。

因為你會願意引用的，是高權威性、高專業度、可信的資料來源。能取得這種連結，對排名的加分效果可說是「霸主」等級。「連結」影響搜尋引擎的程度，就如同武林當中的至尊：得連結者，得天下。

■ 知道連結的重要性，就先贏一半

有太多雜七雜八的「SEO 優化因素」，但就算它們全部疊加在一起，只要對上高品質連結，效果可以說是不堪一擊。誰蒐集到最多編輯認可的連結，誰就是權威、誰就能享有頂級的排名表現。

只是，「連結」通常被嚴重低估，因為它的構成邏輯相當複雜。但從科學實證來看，連結對排名表現來說，有確實顯著的統計意義。如果關鍵字排名是一場考試，「連結」就像是試卷背後配分超高、難度也高的題型。

在這場考試裡面，大部分的考生都沒發現後面還有題目，你「知道」連結這件事，就贏在起跑點上了。

———

　　反向連結在 SEO 領域值得一整個章節的份量，連結建立也是搜尋專家必備的技能。針對詳細的連結建立技術、演算法原理，以及連結品質的分辨，我專門撰寫了一份知識大全，連結如下。

《SEO 反向連結》：

https://bit.ly/JemmyBacklinks

14

標題怎樣下才對？
9 個立即見效的下標技巧

—— 快速弄懂標題怎麼訂、該寫多長？

標題是你和讀者溝通的第一印象。抓住目光、吸引讀者注意力，是標題的最大使命。

找最激進的用詞，像是「保證達成」、「一篇搞定」、「終極指南」，都是幫你抓取人流的好機會。當然你的內容絕不能差，不然就會讓人有受騙上當的感覺。但只要內容有一定水準，標題就不該是你謙虛的時候。這就像在路邊叫賣水果或小吃的攤商，總不會說自己的商品「很普通」吧！

下標一定要狠、要大膽，再搭配高品質、有價值的內容，你就可以取得超強成果。

我的職業是幫助客戶訂定內容的主題與走向，我有單篇文章破 14 萬點閱、多次專欄登上熱門文章榜首的經驗，可以說

累積很長時間和精力在斟酌「怎樣下標」這件事。時間久了之後，我發現「標題的選定」可以歸納成幾項共通策略，這對於需要整體性改善、大規模健檢的需求很有幫助。

以下是根據長年經驗所總結的 9 大下標技巧，也是可以高效率提升成效的實用策略。

■ 1. 讓每個頁面有專屬的標題

幫每個頁面取好專屬的標題，是 Google 指南給的基本建議。請你在每個不同頁面上給予它專屬的獨特標題。

這個技巧聽起來可能有點「廢話」，但我健檢過的網站裡面，往往都會有一些被忽略已久、沒有人注意到的頁面，它們的標題大多會是：

- 「首頁」
- 「新的分頁」
- 「空白」
- 「品牌名稱」

很多頁面都是這樣。請把它們找出來、標題換新，這一下子就能把你的網站健康度提高不少。

■ 2. 標題要精確、有代表性

有效的標題要能夠總結全篇內容，讓讀者在點擊之前就知道網頁內容是講什麼，例如：

- 〈中英文標點符號大全：數位文案、友善排版、SEO用法須知〉
- 〈最推薦的 5 款線上會議軟體，大幅提升遠端線上工作的會議效率！〉

這不但能改善標題友善度，也是 Google 強調的「內容品質」關鍵，不但可幫助網站取得長期優勢，也能提升排名訊號。最忌諱的標題就是太過廣泛、不精確的字詞。例如：

- 「這是首頁」
- 「品牌名稱」

這種標題沒辦法讓讀者和搜尋引擎判斷頁面內的重要資訊。

▌ 3. 鎖定「一個」關鍵字

標題是搜尋引擎判定排名的重要元素,所以,在標題裡確實包含關鍵字是不能忘的。這個邏輯在閱讀行為裡也相當合理──如果標題不包含關鍵字,感覺網頁就像「文不對題」一樣,很難讓使用者相信,這就是他想找的資料。

既然是「關鍵」的字詞,那麼就應該以最重要的「一個」徹底鎖定。短短的一句標題如果塞了太多關鍵字、每件事看起來都很重要,那就等於「每件事都不是真正重要」了。

所以,每個網頁標題請鎖定「唯一一個」目標關鍵字。

▌ 4. 加上數字

「列點式」的文案往往可以收到很好的反應,例如:

- 15 項幫助成功的技巧
- 9 種進步的祕訣

這種類型的內容在下標的時候，最好每次都加上數字，以達到最棒的成效。這個技巧不只對搜尋引擎適用，就算用在社群、商用文案，都很容易吸引讀者的注意力。

■ 5. 標題幾個字最完美？直接 Google 看答案

標題該下幾個字沒有明確答案，直接 Google 就知道了。與其死記標題該設定多少字數，不如直接用 Google 搜尋目前排名很好的頁面，尤其觀察競爭者訂定標題的樣式，就知道了。

最適合的標題字數，按經驗大約在 25 到 28 個中文字左右，但你別去記憶這種東西。最準的做法還是實際 Google 查查看，挑幾個覺得不錯的項目來參考借鑑，那不管它做什麼測試、改版幾次，你都會知道最適合的標題該怎麼訂定。

■ 6. 找出「一個」吸睛的點，抓住讀者的興趣

平凡無奇的標題，可能會讓辛苦寫好的文案隱沒在瞬息萬變的資訊海裡面。但只要加上一個亮眼的重點，就能幫助你的文案脫穎而出。

想辦法為文章找出最亮眼的地方，並將它訂為標題，比如以下幾個例子：

- 〈SEO 教學，四步驟教你做 SEO 零基礎也學得會！〉
- 〈保證學會！台灣也能買美國亞馬遜物品全攻略〉
- 〈內容農場給我下去！搜尋引擎的內容守門員：Panda
  熊貓演算法〉

　　這幾篇文章都是我的實戰作品，不論在 SEO 表現、或者社群訊號都表現得非常良好，你可以考慮存下來以後參考用。

■ 7. 善用符號，讓標題更出眾

　　我發現許多成效很好的網頁，標題不會刻意追求把每個空間都塞滿字詞，而是策略性地在重點處加上不同符號，例如方形括號、驚嘆號等，讓讀者在滿滿的資訊當中，可以很容易就辨別出這個網頁跟別人不一樣，有效幫助點閱率。

- 〈【2025】13 大部落格平台推薦！網站費用與心得評
  價全告訴你〉
- 〈別意外！Google 真的聽得懂「人話」：BERT 自然語
  意演算法〉

　　你可以參考像這樣搭配各式不同的符號，去強調特點，追求比其他標題更高的辨識度。

■ 8. 不拘泥公式，透過模仿悟出自己的流派

想學好下標，以下是你可以直接照著做的步驟：

— 打開競爭對手的網站，看看他們的熱門文章是怎麼下
　標的？
— 如果他們沒有你看得上眼的作品，那就用「同主題」的
　不同競爭者，例如評論主題就看《關鍵評論網》，科技
　知識看《數位時代》、《INSIDE》……。

將這些標題列出來參考，想想自己標題的優缺點，比較出
不同的地方，把好的地方拿來借用、壞的地方就淘汰。使用這
個招數，不需要花費很久的時間，你也可以知道該如何訂出像
樣的標題。

■ 9. 讓標題和 H1 一致

文章當中的 <h1> 標記，通常是讀者點進去頁面時，實際
看到最大的一行字。搜尋引擎會傾向從這些重要的標籤當中，
擷取和關鍵字有關的訊號，如果 <h1> 和標題差太多的話，可
能導致搜尋引擎不確定哪個應該優先出現，顯示出和你預期不
同的內容。

從聚焦重點關鍵字的角度來看，盡量把標題設定得和 <h1> 相同，是值得你運用的操作技巧。

■ 總結：標題 9 大設定技巧

綜上所述，標題的 9 大設定技巧如下：

1. 每個頁面要有專屬標題
2. 標題要精確
3. 只放「一個」關鍵字
4. 加入數字
5. 別背標題字數
6. 找出吸睛亮點
7. 善用符號
8. 不拘泥標題公式
9. 和 <h1> 一致

15

初學者也能用！
最被低估的內部連結優化技巧

—— 最受忽略，卻最簡單有效的強大技巧

在自己的頁面上插入「通往其他頁面」的超連結，是一個再平常不過的動作，但其實它對 SEO、甚至是整個網站架構都超級有用。

內部連結號稱是「最被低估的」優化技巧，掌握好它，你就有機會大幅領先競爭者的 SEO 表現。

▍什麼是內部連結？

內部連結就是當使用者點下之後，會連到「自己網站上其他頁面」的超連結。像是官網的「首頁」按鈕、文章中能跳到指定段落的「目錄」選單、替讀者補充站內其他文章資訊的「延伸閱讀」超連結，都是內部連結的範例。

內部連結能夠幫助讀者查找網站上的頁面，提高使用者的體驗，讓他們更輕易地連到自己想看的內容。

但其實對 SEO 來說，內部連結還有著被很多人忽略掉的重大功效——**讓搜尋引擎更理解你的網站架構**。內部連結可以讓爬蟲快速認識新網頁、有效傳遞網頁權重，也能讓 Google 知道網站中的哪些頁面重要，清楚網頁彼此之間的相關性。

■ 搜尋引擎中的「網頁權重」

SEO 是透過了解搜尋引擎的運作原理、Google 演算法的排名原則，進而優化自己的網站，使自家網站的網頁獲得良好的排名，出現在搜尋結果頁面顯眼的位置。

可是，網頁的數量成千上萬，如果大家的內容都寫得不錯，那 Google 演算法是如何找出新的網頁、決定適合的排名位置呢？

答案是：透過連結的訊號來判定。Google 演算法的原理「PageRank」，核心概念就是透過網站之間的「連結多寡、頁面權重」來判斷網頁的價值。

簡單來說，獲得比較多連結的網頁，就可以擁有比較高的「網頁權重」；權重比較高的網頁，就更容易獲得好排名。

建立內部連結的優點之一，是串聯站內的各個頁面，互相提升彼此的排名訊號，並且讓重要的頁面、想賺錢的網頁，獲

取更多來自網站內部的連結，讓 Google 知道這是網站中的「重點主角」。比如說：首頁通常有比較高的權重，所以能夠從首頁「直接連到」的頁面，就能分配到更優先的排名訊號。

相反地，站內如果有「缺乏任何內部連結的網頁」，那這個網頁就像是站內的「孤兒」一樣。當爬蟲在讀取頁面時，無法透過內部連結知道這個頁面和其他頁面的關係，就會對排名產生負面影響。

■ 內部連結與排名原理

幫助 Google 爬文

想讓網頁出現在 Google 的搜尋引擎結果頁面上，需要經過爬文、收錄、排名 3 個步驟。如果 Google 的爬蟲一開始就沒看到網頁、無法收錄頁面，那麼網頁就不會出現在搜尋結果中。

內部連結就像是爬蟲的「道路地圖」，能引導爬蟲爬取新的頁面，同時也能夠透過內部連結，串聯起有相關內容的網頁。

因此，善用內部連結，能讓新增的頁面更快地被搜尋引擎讀取，也能串起具有相關內容的頁面，幫助讀者獲得更多資訊、優化使用者體驗，讓網頁獲得更好的排名。

強化網頁架構

Google 的爬蟲是透過連結來認識新頁面，藉此了解網頁之間的層級關係。

一個網站中最重要的頁面就是「首頁」了。對於使用者來說，隨意連結到其他頁面後，卻找不到點回去首頁的地方，會讓人十分困惑，使用上也不夠直覺。因此大多數網站都會設有「能直接回到首頁的連結」，除了讓讀者方便瀏覽之外，內部連結也能傳遞訊號，告知搜尋引擎「首頁」是站內獲得最多連結、最重要的頁面。

接下來，就可以思考站內還有那些重要內容，將他們歸為首頁下一層級，讓使用者能從首頁快速連到這些頁面，這樣Google 就會知道：這些是站內僅次於首頁的超重要頁面。

提升關鍵字排名

簡單粗暴地說，吸取到越多內部連結的頁面，它的排名訊號就會越高，SEO 的關鍵字排名表現也就越好。

想排關鍵字？內部連結灌下去，多半不會錯。

■ 連結怎麼埋？

善用導覽列、目錄、頁尾建立內部連結

導覽列、目錄、頁尾這些位置上的連結，通常都是網站上所有頁面都會出現的地方。利用導覽列、目錄建立內部連結，

便如同替使用者提供了「導航地圖」，讓他們在任何地點都能快速找到想看的內容、所需要的資料。

　　所以，在這些地方，可以加入網站的重點頁面。這樣一來，等於放在上面的網頁，一下子就能得到來自官網上所有頁面的眾多連結，也能藉此讓爬蟲理解到：這些是站內的重要主角，該提升它們的排名訊號。

把連結嵌進關鍵字裡

「SEO是什麼」便是人們看到的「內部連結長相」。
使用者也能透過點擊連結閱讀其他文章、獲得其他相關資訊。

　　搜尋引擎會根據「連結上的文字」來判斷網頁的內容是什麼，所以如果內部連結上的文字有足夠的相關性，Google 就會很容易知道這是不是個「有價值的頁面」。比如說：

• 延伸閱讀：SEO 是什麼？搜尋引擎最佳化

「延伸閱讀」這四個字對判斷文意的幫助很有限，這就不

是埋連結最好的地方。

　　• 延伸閱讀：<u>SEO 是什麼</u>？搜尋引擎最佳化

　　把連結放在想排名的關鍵字「SEO 是什麼」上面，可以有效幫助爬蟲判斷「那個網頁」的內容，這就是埋連結的好策略。

　　只是很多人寫完內容、要放連結的時候，會忽略這個動作。例如忘記放連結、把連結放到很難找的數字上面、放在「點這裡、點我」這種比較模糊的文字上等等。累積久了，可能就會失去了增進排名的大好機會。要隨時回頭再來改是可以，但累積太多，每個頁面都要更新，得花很多時間。

■ 最被低估的技術：強化內部連結

　　強化內部連結是內容小編就能做，卻能發揮強大威力的技巧。

　　想最高效率地讓排名攀升，定期檢視連結、策略性地分配內部連結的指向，是你最值得投資的任務。

16

每篇文章要進攻幾個目標關鍵字？

—— 只要一個

每篇文章，應該「只有一個」主攻關鍵字才對。

我用這個違反直覺的策略，成功把「關稅」、「虛擬貨幣」、「元宇宙」等高難度關鍵字，都排上 Google 前 3 名。

單篇文章還能排超過 500 個關鍵字到首頁上？對。一篇文，就有超過 500 個字詞上第一頁，因為這其實是最符合搜尋引擎偏好、也最符合讀者期待的做法。

以下的 3 大策略會說明「瞄準一個關鍵字」更容易成功的原理。如果你照著做，就能大幅提升官網的 SEO 成效，像狙擊槍一樣，只用一發，精準致命。

■ 1. 消費者通常用同樣的關鍵字

巨大的自然流量，其實都是從搜尋引擎出發。這些流量最大的共通點，是它們幾乎源自一模一樣的字詞——「關鍵字」。

自然流量都是從搜尋引擎先輸入關鍵字之後，再點進來的。成功用 SEO 取得高流量之後就能看到，流量往往集中在「同一個」關鍵字，幾乎每次都是這樣。所以，客人進站的模式，其實比想像中還要固定。

很多品牌自己優化網頁，常會挑揀好多個關鍵字，深怕選少了會吃虧。但其實，方向反了！這是站在「從自己頁面出發」的角度，但 SEO 的客流量全都是「從搜尋引擎進來」，方向是反的。

客人輸入搜尋引擎、按下查詢的字詞，往往單調、大量重複。因此集中火力，只選定一個關鍵字，再寫好寫滿，才是取得成功的最佳策略。

■ 2. 選定一個關鍵字，然後寫好寫滿

客人使用搜尋引擎，是想找答案、解決問題。給出最適合的答案、最能解決問題的頁面，就值得擁有第一名。

那麼，是「鉅細靡遺又深度實用的頁面」更好呢？還是「簡略而短淺的頁面」？答案是深度實用的頁面最值得排名。

當客人看到你的頁面，鉅細靡遺地提供了所有想找的資料，他就會覺得：「我只需要看這裡就好了啊，就不花時間跳去別頁了。」於是他就留在你這了。可見有效解決問題，就能有效排名，就能有效取得流量。《Google 指南》這樣說：

- 看完內容後，讀者會不會覺得對這個主題有足夠了解、可幫助他們達成目標？
- 這篇文章有沒有提供完整詳盡的說明？

所以，演算法要你做的，是用單篇內容集中所有火力，把主題寫好、寫滿。當你把所有和主題有關的訊息都整理到同一頁上，這一頁就會累積極其強大的訊號。

當你深度解析「關稅」，把「關稅計算」、「關稅稅率」、「進口關稅」……等所有相關聯的資訊都講完，那毫無疑問地，這就會是最適合排名「關稅」的頁面。

同一篇文章既想要「保健品」，又想要「最低運費」，又想要「跨境電商」，三心二意，反而分散火力，結果全部都表現得很普通。

■ 3. 用輔助關鍵字，拱上核心關鍵字

要把一個主題講深、講滿，你需要「支柱主題」的搭配。

用強而有力的支柱，把核心關鍵字拱上去。

「支柱」就是目標關鍵字所衍生出來的輔助關鍵字。選定目標之後，再來衍生支柱，而不是反過來，先選出發散、目標不集中的字詞，再把它們硬拼起來。先定核心，才有輔助。假設我們的目標字詞是「關稅」，那請你這樣操作──

核心關鍵字：
- 關稅

輔助關鍵字、支柱：
- 關稅計算
- 進口關稅
- 台灣關稅
- 關稅查詢
- 關稅稅率
- 海關稅金計算
- 關稅是什麼

內容全力集中在同一頁上，寫深、寫好、寫滿。這樣的策略，會達到這些 SEO 功效：

• 確保主題在單頁上深度討論，不分散一絲絲資源
• 把排名訊號最大程度集中在目標頁面上
• 打造出比任何競爭者都更強大有力的內容

　　我重複使用這一招，就算把文章放在賣東西的開店平台，都能長年待在第一頁，還能排贏權威媒體、排贏《維基百科》，用單篇文章排超過 500 個關鍵字到 Google 首頁。

　　如果你也想看到明顯且有效的 SEO 進步，那就用這招：只鎖定 1 個目標關鍵字。

17

長尾關鍵字攻略：
如何找到、如何排名、經營技巧

—— 怎麼讓別人一搜尋就找到你？

有一種關鍵字你只要寫了，最快幾小時內就能排到第 1 頁。比如「關稅」這個詞很多人搶、排第一很難，但如果換成「JKL 關稅稅率查詢」這種冷門組合字，很快就能上首頁了。因為只有品牌自己才會使用這種字句——寫上去就能排名了。

同樣道理，把熱門字詞「法律顧問」換成相對冷門的「法『務』顧問」，那也能在 24 小時內衝到第一頁。

這些字詞背後的操作技巧、商業邏輯是什麼？就是反映人類搜尋習慣的「長尾關鍵字」。

■ 最熱門的關鍵字只占 0.0008%

長尾關鍵字的定義就是「低搜尋量的關鍵字」。長尾關鍵

字能很快排名的原因，是我們用直覺就能猜到，它平常大概沒什麼人在用。

人們的總體搜尋其實相當集中，根據 Ahrefs 統計的 38 億個關鍵字[21]，每個月搜尋次數大於 10 萬次者，只佔 0.0008% 的比例。也就是說，人們的搜尋行為集中在極少數超熱門的關鍵字，中英文都是一樣的。

以下數據來自真實搜尋資料，它們是這樣分配的：

* 「關稅」：10,000 次
* 「進口報單完稅價格如何計算」：10 次

數據顯示「關稅」這種常見字詞，匯聚了極高搜尋次數。

除了熱門字詞之外，還有很多千奇百怪、搜尋頻率超低的「長尾關鍵字」，佔了超過 94%。

■ 長尾關鍵字的特色

在搜尋圖表的後端，會出現數量眾多的冷門字詞，因為看起來就像一條長長尾巴，所以叫「長尾關鍵字」。它們流量低、競爭程度通常也低，通常是語意更加精準的關鍵字。

---

21 https://ahrefs.com/blog/long-tail-keywords/

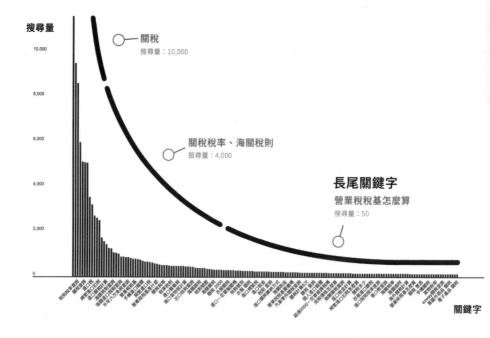

以「關稅」為例，我把來自 GSC 工具的真實網頁關鍵字資料統計出來、編成圖表，可以發現當樣本數量夠多，搜尋的模式就真的很明顯，絕大部分的流量的確集中在前排的少數熱門字詞上，而後段就堆積了超多的長尾字詞。

- 「稅則稅率查詢」：9,000 次
- 「關稅多少」：50 次

雖然長尾字詞的字數通常比較多，但「長尾」其實是指搜尋量，而不是字句長度[22]。比如「關稅多少」只有 4 個字，但它的搜尋量遠遠低於 6 個字的「稅則稅率查詢」。而「關稅多少」雖然短，但它卻是「長尾」關鍵字。

如果你把大量冷門字詞的搜尋次數加起來，總和很可能超過高流量的熱門關鍵字。這也是長尾關鍵字的特色。

找出搜尋精準、轉換率高的長尾關鍵字

長尾關鍵字有精準搜尋、總數眾多的特質，所以它很有商業價值，因為長尾關鍵字有「轉換率高」的特性。

比如「Herman Miller 電競椅代購」，客人都已經查到這麼明確了，就代表他已經想好特定牌子的電競椅，而且還指定找代購買。

又或者「慢速破碎機」，聽過這種機械的人很少，但它單價高達數百、上千萬，是企業在採購階段會查詢的字詞。

這些超好排名、又能具備商機的字詞該怎麼研究、蒐集呢？

22　https://www.youtube.com/watch?t=90&v=a6sqyOh0Njc&feature=youtu.be&ab_channel=Ahrefs

搜尋結果頁

　　最直接的辦法就是盯著「搜尋結果頁」，把關鍵字放進搜尋欄，可以看到「預測查詢字串」。排名頁的末端還會有關鍵字的「相關搜尋」、「其他人也問的問題」……等線索。例如輸入「關鍵字」，就能找到「關鍵字＋排名要多久」、「關鍵字＋分析」等長尾字詞。

競爭者頁面

觀察其他已經排名的內容，也是很好的靈感來源。

比如討論「關稅」主題的其他頁面都提到「稅則查詢」，那麼我們就知道「稅則」這個衍生知識，是值得考慮的長尾關鍵字。

論壇討論、社群話題

關鍵字反映了人們的搜尋需求，而人們會聚集在社群、論壇等地方用文字交流。這些知識相互傳遞的過程，就可能包含

了讀者的興趣、切身的話題,因此這些都是研究主題時值得關注的資訊來源。

洞悉客戶

　　長尾關鍵字總數龐大、搜尋量很低,所以只靠直覺很難猜中。重點是要懂得讀者、客戶需要的知識,並滿足這樣的搜尋需求。

■ 善用關鍵字工具

　　「關鍵字搜尋量」是指字詞在特定期間內被查詢的估計次數,通常以月為單位。透過工具我們可以更有效率找出搜尋量不高,但富有商業價值的字詞。最推薦的工具有:

- Ahrefs 的 Keyword Generator
- Neil Patel 的 Ubersuggest

　　你只要把蒐集到的字詞輸入這些工具裡,它們就會回傳預估的搜尋量。假設你找到 10 個搜尋量 30 的關鍵字,那麼只要經營好,你就可能每月收穫 300 的流量。

　　好用的關鍵字工具還有 Google Trends、Google Ads、Ubersuggest 等等。如果你很想深入了解這些不同的工具如何使

用、優缺點有哪些，那我有一個網頁專門探討關鍵字的工具大全，教你善用工具、做好關鍵字研究。

《SEO 關鍵字工具》：
https://bit.ly/JemmyKeywordTools

然而，工具的實用度會隨著開發者的活躍度、隨著時勢變動，你去死背工具的使用功能是沒效的，書上看到的功能也可能很快過期。工具是用來輔助研究、而不是用來取代思考的，工具的實用度可能隨著時間改變，重點是了解工具的使用邏輯。

研究關鍵字的重點還是要搭配思考，而實際的搜尋數字，你還可以透過 Google 官方的 Search Console（GSC）工具進一步驗證。

▌如何操作長尾關鍵字

長尾關鍵字的特性是低競爭 [23]、容易操作。很多奇形怪狀的字詞幾乎能確定只有你會寫，所以只要確實在網頁提到，解

---

23 https://www.youtube.com/watch?app=desktop&t=90&v=IkmPjeNKkBQ&feature=youtu.be&ab_channel=BrianDean

答疑慮、滿足搜尋意圖就可以了。

完整回答問題

假設你的關鍵字是「進口報單完稅價格如何計算」，你就要確實說明答案。確實回答問題，才有被搜尋到的價值。

滿足搜尋意圖

了解讀者查找關鍵字的背後動機也很重要，比如當人們搜尋「手錶關稅 ptt」，他並不想要看你在網頁上加入 PTT 字母，而是想從「PTT 論壇」上的版友互動中找尋真實經驗。

想精確判斷搜尋意圖，你就要投入心力研究、思考判斷。

經營高流量的關鍵字

高品質內容是對關鍵字排名最有力的武器。當你的訊號夠強，單篇網頁除了拿下熱門的大字詞之外，往往還能同時排上幾百個長尾關鍵字。像「關稅」這個單頁，最多就有高達 733 個關鍵字在 Google 首頁。

▍良好的商業價值

長尾關鍵字的意思精準，能反映客人的搜尋需求，所以容易讓人一搜就找到你。

　　它的數量龐大,所以不好預測,需要花費一定的時間精力進行研究。但它也具有意思精準、高轉換率的價值,只要搭配良好策略,就能積少成多,高效累積出良好的排名訊號。

18

9 個不用工程師的官網結構優化術

—— 加強網站結構，工程師其實只是配角

電商官網的結構性優化，其實最主要和商品上架、產內容的小編最有關係。

很多人會覺得：咦？官網優化、結構布局，難道不是技術開發者、工程師專屬的工作嗎？不是。

網站的內容結構，其實和「創作內容」的那個人最有關係。

你可以想想看：讓很多人都能開店的那種「電商平台」，在官網剛創立的時候，大家的技術條件都一樣、都是全新的，對吧？但隨著時間過去，商品一件一件上架、內容一篇一篇增多，網頁的數量和複雜度，就遠遠超過剛上線時的狀態。不同經營者之間的 SEO 技術健康度也越差越多了。

同樣的初始環境，卻產生截然不同的結果，這是為什麼呢？

　　因為 Google 最看重網頁「內容」，還有網頁之間的「連結」。這些其實都是創作者最能主掌的要素。網站剛開始的技術面扮演「門檻」的關鍵性，但門檻代表什麼？代表一旦跨過它就不再重要，哪怕你是低空飛過或者破跳高紀錄，門檻只要越過即可。「創作者」所累積出來的內容狀態，才是影響整站結構表現的關鍵。

　　以下是 9 種你可以立即優化官網結構的內容技巧：

■ 1. 加上內部連結

　　在官網的重要頁面上，適當加入 2 到 3 個指向相關頁面的連結。「內部連結」就是點擊之後，會通往同樣網站頁面的連結。這是每個網站都有的項目，但也是很多人忽略的元素。

　　為什麼內部連結這麼有用？因為搜尋引擎的演算法「非常依賴」連結。網頁和網頁之間的「連結」是讓 Google 能夠順利認識新資訊的關鍵。它就像道路——有越多條路通向這個頁面，Google 的爬蟲就越容易爬過去，也越能提升排名訊號。

　　當網頁數量越多，連結就需要越妥善的規劃才能讓 Google 順利爬行，搜尋引擎才能有效知道哪個頁面更值得排名、哪個頁面相對不那麼重要。

　　請在官網顯眼的地方加入至少 2 到 3 個指向相關頁面的連結，這能有效提升整體的 SEO 表現。

■ 2. 連結文字

請確保連結上帶有「理想關鍵字」。

滑鼠移過去可以點擊的連結文字，是幫助搜尋引擎判斷資訊的重要線索。

專賣水餃的官網首頁，指向產品分類頁的連結文字如果寫「冷凍水餃」，那 Google 就會知道這個頁面和「冷凍水餃」有很強的關聯性。客人看到連結上寫著「冷凍水餃」，那麼點進去自然也期待看到賣水餃的頁面。

當別人查詢「冷凍水餃」，這個分類頁就更有機會被 Google 往前排名。當頁面收到越多帶有「冷凍水餃」文字的連結，Google 就會判定它和「冷凍水餃」越有關係。

這就是優化連結文字的重要技巧了——透過集中內部連結的數量，以及搭配關聯性很高的連結文字，就能提升特定頁面的關鍵字訊號、幫助搜尋引擎排名。

請記得：頁面上的連結文字最好要清楚，還要包含理想關鍵字，盡量減少使用「點這裡」、「這篇文章」等模糊的文字和連結做搭配。

■ 3. 連結火力集中

你越想排名的頁面，就要給它越多內部連結。比如首頁，它就像一棟房子的大門，當訪客進站的時候可以透過大門通向每個房間，而每個房間也都有路可以返回大門，那擁有最多連結的首頁大門，就是訊號最強的頁面。

如果你最希望客人拜訪的地方，路卻是不通的，或者只有少數幾條連結能通過，那就是個不太好的配置。

越重要的頁面，就要安排越多的連結通向它，讓搜尋引擎能判斷眾多網頁間的層級關係：誰最重要、誰比較次要。當網頁累積更多數量後，記得定時更新連結集中度，這是時間一久就容易忽略的地方。

■ 4. 菜單與頁尾

請在網頁頂端的「菜單」和底部的「頁尾」，置入指向重要頁面的連結。網頁的首、尾選單通常會擺放重要頁面的連結，例如「品牌故事」、「政策條款」。這些放在頁面最頂端和最底下的連結有個共同點：全站的每個頁面都會同步顯示。

不管顧客或讀者逛到哪裡，總有連結通向這些選單上的網址。這也代表被放進選單的頁面可以從「每個頁面上」得到內部連結。這些連結構成了整個網站的結構樣貌，也決定了爬蟲

在網頁之間行動的順暢度。

記得把重要的頁面放在上方菜單和頁尾的連結，這樣不但能提升它們對讀者的能見度，也可以集中幫助搜尋引擎判斷重要的排名訊號。

■ 5. 替代文字

除了文字連結之外，你有沒有用過那種「點按圖片就可以進入新頁面」的連結呢？這種連結就是「圖片連結」——差別是它讓讀者透過點擊圖片而不是點擊文字進入頁面。

對於這種圖片型的連結來說，圖片的「替代文字」（Alt Text）就是連結文字。

比如說有張圖片的替代文字如果填成「豬肉水餃」，並且圖片本身也設定連結到賣水餃的購物頁面，那麼對 Google 來說，就等同這個連結的「連結文字」是豬肉水餃。

圖片的替代文字能幫助搜尋引擎判斷關鍵字訊號，當別人在搜尋「豬肉水餃」的時候，你的頁面或圖片就有可能比競爭對手排得更前面。

▌ 6. 最多只讓顧客按 3 下

網站如果要讓顧客點很多次才能看到重要資訊，這是很不友善的，搜尋引擎同樣會很難找到這些網頁，在排名成效上就很可能打折扣。這是歐美專家的建議，推薦你記下來：

從首頁出發，到任何頁面最好不要「點擊超過 3 次」。如果超過，請你在適當的地方加入內部連結。

▌ 7. 善用分頁

SEO 首重內容，而內容就是 SEO 的核心。對於專賣產品的電商，你也可以這樣利用內容達成好效果。技巧就是「加開分頁」用心產出好內容，再透過內部連結把流量與排名訊號，導向到想排名的商品頁。

每個網頁對爬蟲來說都是一樣的，Google 其實不會區分你這是內容頁、產品頁、分類頁 [24]，它只看這些頁面裡面裝了什麼東西。利用電商官網的分頁功能，不管是部落格頁、文章頁、空白分頁都好，用它打造出值得排名的超強大知識內容，再透過內部連結把排名訊號集中指向專門賺錢的商品頁，這是非常強大的技巧。

■ 8. 分類頁資訊

請在重要的商品分類頁上，放入幾句能幫助 Google 判斷頁面內容的文字資訊。

根據 Google 官方文件：賣產品的分類頁如果有少量的 1、2 句內容，可以幫助排名 [25]。產品頁、銷售頁可以說是最值錢的頁面了，它往往是重點排名對象。

Google 畢竟不是人類，它需要依靠一定的關鍵字訊號，才能有效判斷網頁上面有什麼，如果完全沒有資訊，那就不容易得到好效果。

---

24 https://www.seroundtable.com/google-category-filter-tag-or-search-pages-32084.html

25 https://www.seroundtable.com/too-much-content-e-commerce-category-google-29590.html

■ 9. 內容群集

「內容群集」（Content Hub）是同時兼顧內容邏輯和連結架構的絕招。它源自歐美權威歸納出來的內容模型，同時結合了內容優化、內部連結，還有網頁之間的架構。不僅兼顧了讀者搜尋體驗、知識架構的串聯，還有 Google 爬蟲的運作原理。

聽起來好像很厲害，其實這個模型沒有很難，它用的是「眾星拱月、鄉村包圍城市」的原理，簡單來說，就是：

1. 重要文章擺中間（核心主文）
2. 相關文章放周圍（支柱文章）
3. 每篇文章用連結串起來（超連結）

就這 3 樣，沒了。

核心主文是你最想排名的網頁、也就是主角，而支柱文章則是從主文延伸出來的深度資訊。這架構能精妙地把各種和關鍵字高度有關的頁面，串成像一本組織得很好的書：每個章節都順從一樣的主題，所有內容也隸屬在同一本書裡。

讀者滑手機不用每個字都看過，也能大概感覺到：「喔！這堆知識看樣子已經包含所有我想找的東西了。」這也是對搜尋引擎特別友善的結構。

▌內容規劃才是官網的要角

　　搜尋引擎辨識頁面訊號的主要依據就是 1. 內容 2. 連結，而這兩樣都和內容創作者最有關係。工程師在技術面設計時進行友善的規劃固然重要，但總體而言**發揮決定性作用的依然是小編、創作者**，因為他們才是產出網頁、配置連結的主角。

　　想強化官網結構、提升排名效率，那麼你最該關心的不是工程技術，而是內容規劃。

19

經營 SEO，放在哪個平台最好？

── 絕對要在自己能「控制網域」的地方經營

　　經營 SEO 的意思就是「提升你的網站在搜尋引擎上容易被找到的程度」。這裡有 2 個重點：

　　1. 你的網站

　　2. 在搜尋引擎上

　　我很常被問到：「提升 SEO 要在哪裡經營最好」？答案是：「你自己能『控制網域』的地方。」你只要能控制網域，SEO 的訊號就可以「搬家」，你也能洞察累積好的 SEO 數據。更重要的是，你的「SEO 生殺大權」不用掌握在別人手上。

▌別讓生殺大權在別人手上

我不推薦你在不能控制網域的地方經營「自己的 SEO」。例如：免費版部落格、Medium、方格子。

我的意思並不是說，它不適合你經營，但你要知道這很像「專欄作者」的概念。你仍然可以為 SEO 努力，但這本質上都是「在別人的平台上投稿」。雖然可以累積流量、累積自己的聲譽，但致命問題是，平台想關就能把你關掉。關掉之後，你經營的 SEO 就不見了。如果你是一位專欄作者，當平台關掉的時候，你的內容就不會再有能見度了。

SEO 也是同樣道理，當控制網域的那個人「撤掉」，你累積好的關鍵字訊號也都無法帶走。這和經營 SEO「提升自己網站能見度」的精神不符。

▌取得關鍵字數據

少了網域控制權，你就很難串接，甚至根本無法串接「GSC 工具」（Google Search Console）。它是 Google 開發的官方工具，是經營 SEO 的最重要工具，沒有之一。它能做到以下事項：

- 監控技術問題
- 監控各項數據歷史走勢
- 洞察排名表現、網頁點閱率數據
- 洞察關鍵字表現、SEO 流量數據

「GSC 工具」需要網域所有權才有辦法認證、接上（如果你用別人的網域，但是它允許你串接的話，那你就可以用 GSC）。它可以說同時是 SEO 的指南針、導航地圖、雷達。

不串接 GSC，就像在沙漠中迷路。繼續走確實可能抵達目的，但更可能迷失方向、渴死途中。

▌權重累積

搜尋引擎仰賴「演算法」機制來決定 SEO 表現。演算法判斷的超大因素就是「網站、頁面累積的訊號」：

- 高品質內容越多的網站，排名表現越棒
- 權重越高的網頁，排名分數（PageRank）越高
- 信任度越高的網域，新內容在 Google 的排名速度越快

SEO 需要很長一段時間才能慢慢累積出成效。完全一樣的內容，就算直接搬到全新的網站，所有累積的 SEO 都要歸

零、重新開始。如果你經營好的網站關掉（例如平台停止運作）、被改網址（例如免費試用版本到期），那所有的 SEO 功勞都會不見。

■ 網域要是自己的，但怎麼選才好？

你要確保「自己擁有」這串東西：example.com。如果這是別人的，那你辛苦經營的 SEO，最後有很高的機率都會是「屬於別人的」。

很多人喜歡方格子、Medium，這些都是很好的創作者平台，但不應該是你「經營 SEO 的家」。這跟「臉書發文」有點像，它們是社群平台，但不是 SEO。

我個人最喜歡「自架網站」，其次是「套版網站」，不喜歡用「免費部落格平台」。但我最不推薦的就是在不能串接工具的環境下，在別人網站裡面經營自己的 SEO。

經營 SEO，放在哪裡最好？

類型	自己架站	套版平台	免費部落格	別人的網站
範例	WordPress	Shopline	痞客邦	Medium
優點	所有設定自己掌控	設定都幫你弄好了	不用架網站方便好上手	不用架網站平台有自己的名氣、流量
缺點	要付錢 不擅長技術的人，自己管理架站很麻煩	要付錢 很多設定都被寫死、不能調整	幾乎沒有客製化空間 可能被塞廣告	完全不能客製化 不能夠串接GSC 工具
致命傷	-	-	網站是別人的	網站是別人的

以下這些環境因為「不是搜尋引擎」，所以不屬於 SEO 領域：

- 臉書
- 推特（X）
- Instagram
- 蝦皮、MOMO 購物網

20

不用學程式也能懂的 SEO 技術面須知
—— 詳解關鍵名詞與必備知識

　　我在經營顧問的多年經驗中，體悟到一個蠻重要的結論：如同你不必知道演算法怎麼寫成，也能用 Google 查好資料；你根本不用參透複雜的「技術編碼」就能做好 SEO。

　　我曾經也很追求做到技術面的滿分，讓 Google 內建的檢測工具「放煙火」。技術面確實是 SEO 的重要環節，但它嚴重過譽了。你的重點是要懂得「問題在哪、如何和工程師有效溝通」，但你不需要任何工程、開發背景，你也不用懂程式。

　　以下是初學者必備的技術面需知，這是透過多次訪問技術工程師，精煉出超級好懂的說明，就算是沒基礎的人也能很快明白，以作為技術溝通與深度優化的知識橋樑。

技術做到滿分，Google 工具會「放煙火」

■ 爬蟲（Crawler）

　　Google 認識新網頁的過程，是派出爬蟲機器，像蜘蛛一樣，從一個網頁爬到下一個。蜘蛛有爬過的地方，就代表它認識網頁在說什麼，沒爬過的地方，Google 就不知道網頁有什麼內容。

　　所以你要知道：搜尋引擎不是用眼睛閱讀，而是透過爬蟲來認識網頁上的訊息。讓爬蟲拜訪、有效辨識頁面上的重要資訊就是重點。

■ 爬文（Crawling）

蜘蛛沒爬過的網頁，Google 就不會認識裡面的內容。如果 Google 不認識網頁，那別人就無法透過 Google 搜尋到你的資訊。所以我們的任務就是確實讓 Google 在自己的網頁上順利爬文。

一旦明白這件事情，就算不懂那些複雜的技術程式，你的效率也能大幅度提升；相反地，如果不知道這概念，那就像是死背單字，雖然記誦了許多看似厲害的複雜名詞，但最終效果卻很差。

■ 連結（Links）

怎樣能讓蜘蛛順利爬文？網頁和網頁之間的「連結」就是讓 Google 順利爬文的關鍵，越多條路通向那個頁面，Google 蜘蛛就越容易爬過去，也就越容易充分認識頁面內容。這樣一來，認識網頁的效率就會越好，每當你更新網頁資料，Google 就越容易發現，也能直接提升 SEO 的效果。

別小看「連結」的重要性，這是 SEO 的關鍵因素！很多技術面的改善優化，最終目標都是提升爬蟲與「連結」的配合效率。

■ 連結架構（Navigation）

當網頁堆疊得越深，就需要越多連結，才能讓 Google 蜘蛛順利在網站裡順利爬行。當連結累積越多，整個網站裡的架構就會像蜘蛛網一樣：密密麻麻、錯綜複雜。

你一定不希望蜘蛛困在半途爬不動，那怎樣才能讓它們爬得順暢呢？關鍵在於連結架構。

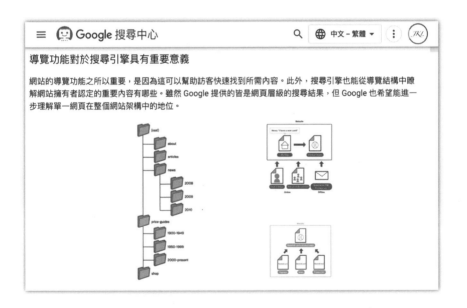

最重要的頁面應該要有最多連結可以通。比如「首頁」，它就像一棟房子的大門口，當訪客進站的時候，可以透過大門

通向房子裡的每個房間，而每個房間也都應該有路可以走回大門，大門比起其他位置，是屋子裡連結最多、最暢通的地方，這樣的架構就是合理順暢的架構。

如果最重要的大門、最希望客人拜訪的地方，走道卻是塞住的，或者沒有夠多的連結可以通過，那就是不良的架構。頁面越重要，就要有越多的連結通向它，這是很容易忽略的優化項目。

■ 孤兒頁（Orphan Page）

無路可通的頁面、沒有任何連結可以通的頁面，被稱作「孤兒頁」。孤兒頁會嚴重影響 Google 蜘蛛爬行的順暢度，也會使得 Google 非常難認識到頁面上的資訊。

記載重要內容的頁面，如果沒有連結通過，除了會有 SEO 的負面影響之外，也代表整體的連結架構很可能出現了問題，才會讓「孤兒」產生。

你需要加上連結，讓其他頁面都有道路可以通向這裡，別讓它成為孤兒。

▌機器守門員—— Robots.txt

　　如果不想讓 Google 造訪，該怎麼做？

　　會員私密資訊、顧客的消費紀錄、個資檔案……這些東西都是不能公開的，當然也不該讓陌生人可以隨便用 Google 搜尋得到。

　　只要設定網站的「機器守門員」—— Robots.txt，就可以阻擋 Google 爬蟲進來拜訪。每個頁面也都可以個別設定哪裡可以拜訪、哪些不該進去，這就像是給機器蜘蛛的「使用說明書」。

▌收錄（Indexing）

　　Google 就像一大座圖書館，一本書需要先被收錄為「館藏」，讀者才有可能借得到。網頁也是一樣：它需要先被搜尋引擎的蜘蛛爬文，接著被「收錄」進資料庫裡面，之後才會有排名，也才會有被其他人搜尋到的可能。

　　如果寫書的作者不希望圖書館把他的書借給別人，圖書館就不能把書本上架。給搜尋引擎的類似功能，就是「noindex」標記。當工程師在網頁上採用這個設定之後，就代表我們禁止 Google 收錄這個網頁，也不應該讓其他人查到。

■ 網址（URL）

沒有「掛好門牌」的網頁位置就像座標地點，是一串難認的亂碼，你需要給它「門牌」才對。

每棟房子理論上都可以用衛星系統定位出最準確的「經緯度」，位置雖然精準，卻是一串難懂的數字，反而更容易讓人迷路。所以，我們會用縣市、巷弄、幾號幾樓這些資訊，來幫助我們辨認和找到地址。

網頁也是一樣，你在掛好門牌之前，它的地點只是一串「IP 數字」，所以我們需要更好辨認的名稱來幫助我們找到網頁，也就是**網址**。對 Google 來說，每個網址都是獨一無二的，就算差了一個斜線、一個點點，Google 就會認為是完全不一樣的網頁。

■ 404 頁面

對搜尋引擎來說，每個頁面只會有一個網址。網址哪怕只是多加了一個小符號，對 Google 來說都是完全不同的東西。

如果網址無效、再也進不去了，那麼讀者就會看到「錯誤」的資訊。這對搜尋引擎的爬蟲來說也一樣看不到有效的資料，這就是「404 頁面」。當你把原本的網址刪了，或者故意輸入一個不存在的網址，它的狀態就是 404 頁面。

▋ 301 轉網址

當你的網站搬家、網址改了，又不想要頁面出現 404 的錯誤狀態，該怎麼辦？那就可以祭出重要的「傳送門」設定——「301 轉網址」。

301 轉網址是個神奇的設定，它可以像傳送門一樣，把進入到某個網址的人「傳送到」另一個網址。不管是爬蟲蜘蛛，或是人類讀者，只要你進到 301 轉址的頁面裡，就會自動被帶去另一頁。

設定正確的 301 網址，可以把 100％的排名訊號轉移到新頁面，所以不論是爬蟲、連結，還是辛苦累積的排名訊號，都會完整保留。

▋ 總結

要能成效最大化，就要先懂得不踩雷。而用這些觀念作基礎，了解事情輕重緩急與優先度，專注在有效率地和工程師溝通，就能有效提升技術面的 SEO 成果。

———

如果你是開發者、熟悉技術的人員，或者你真的對這方面的 SEO 知識很有興趣，想明白到底怎麼「把網站調教到滿分、

放煙火」，那麼我寫了一份企業顧問、內部訓練等級的完整章節，深度去探討到底怎麼處理關鍵的 SEO 技術層面，歡迎你隨時進行延伸閱讀。

《技術面 SEO》：

https://bit.ly/JemmyTechSEO

3

實戰 SEO，
用流量讓對手
陷入絕望

「建議您盡可能確保網站提供最佳內容，因為演算法是根據內容品質決定排名。」

—— Google 搜尋指南（核心演算法更新的長期建議）[26]

---

26 https://developers.google.com/search/updates/core-updates?hl=zh-tw

21

來賭！保證 100%讓關鍵字排第 1 的操作方法

——3 天攻頂，保證關鍵字排名上榜的實戰揭祕

每次講到「保證關鍵字」的時候，顧問公司就會吵起來。

吵什麼呢？因為 Google 明說了：「沒有人能保證在 Google 上排名第一。」對充滿正義感的人來說，保證排名就像是利用人類貪念吸金的不肖業者。

只是，沒有人希望付了錢、卻沒辦法得到成效，所以「保證排名」的服務總是供不應求。

但問題來了：為什麼有人敢掛保證？答案很簡單：就是「對賭」。

我保證排名成功才算錢，要是失敗了，那麼就退款不收錢。「勝敗乃兵家常事」，你有需要、我提供服務，大家都滿意。

▋4 大保證手法揭祕

為什麼顧問對關鍵字排名如此有自信？祕密是這樣的──

原來，有的關鍵字很競爭、超難排，有的卻相對冷門，很簡單就能上首頁。針對這些低競爭的關鍵字，排名的祕訣就是下面這些：

選對關鍵字

有一天，我從事顧問業的客戶說：「我主要經營的事業叫做『法務顧問』，不是『法律』喔！那個大家熟悉的熱門字詞不是我要的。」

「大家都不熟、沒人在操作」的字詞，就是所謂的「長尾關鍵字」。它在統計圖表上，就像恐龍的長尾巴一樣，又細又長。細，代表沒有什麼「人潮」；長，代表你可以組合出幾乎「無限個」這樣的關鍵字。

實際常看到的案例有：

- 品牌名稱：「人从众」，品牌養成之前，這詞超級冷僻
- 產品名：「Apple Watch Hermès 銀色不鏽鋼錶殼 Casaque Single Tour 錶帶」
- 意思超明確的語詞：「Tiffany 有保卡嗎？」
- 新穎名詞：「提示工程」、「法務顧問」

有的詞彙可能你看到會忍不住想問：「排名這種關鍵字，有用嗎？」但也有很多情況，客戶反而不想要「熱門關鍵字」，可能是因為品牌需求、商業定位，或是各種原因。

列出所有關鍵字衍生問題

如果保證要排名的關鍵字是「法務顧問」，你看到這能想到哪些衍生的問題？

- 這是什麼？有定義嗎？英文如何翻譯？
- 它跟法律顧問差在哪？
- 不是律師也可以當嗎？
- 要收多少錢，貴嗎？行情參考？

把這些問題集好、集滿，蒐集越齊全，排上的機率就越高。

把問題「照章節排序」

這個做法是我鑽研很久之後歸納出的技法，你一定要學起來，那就是：把這些問題當成「書的章節」，用「最合邏輯的方式」排順序。

比如說：「該聘請一位法務顧問嗎？」這就不太適合放在第一章吧？因為我們都還沒解釋「它是什麼意思」。

所以，有的話題適合先講，就放前面；比較艱深瑣碎、需

要先有背景知識的，擺後面。排完之後，你會得到像這樣的層次關係：

法務顧問是什麼？法務顧問和法律顧問的差別

- h2 法務顧問主要處理的事項
- h2 法務顧問專精蒐證
  - h3 法務顧問：更多元化的專業服務
- h2 法務顧問不可以做什麼？
- h2 請一個法務顧問要多少錢？
- h2 該聘請法務顧問嗎？
- h2 法務顧問合法嗎？

這裡的 h2 就是「大章節」，而 h3 則是「小節」。排好之後，就像是寫完「一本小書」的大綱結構和脈絡了。

原創內容、寫好寫滿

這個階段要做的，就是用「獨特內容」把內容「寫好寫滿」。

獨特內容，就是你要自己寫，別抄襲、不要致敬其他人的文字或換句話說，禁止拼湊 Google 上別人寫好的資料。

寫好寫滿，就是不要漏掉。比如說：「請一個法務顧問要多少錢？」結果內容只說「應該不太貴」就結束了。但到底行

情是多少？卻沒有講清楚、沒有老實回答問題，這樣子就是沒寫滿。

完整的資訊，會像是這樣子：

Q：請一個法務顧問要多少錢？

A：法務顧問通常可以給出較低的初始費用，最低商談費單價約 $800 台幣，諮詢鐘點費（按時計費）則大約是 $3,000–$5,000 不等。

寫好每個段落，再把完成的內容發布在你的官方網站上，這樣就完成了。

▋確保上榜的 3 個禁止事項

「保證」這件事是有風險的，弄不好要賠錢、會砸招牌，所以我們要謹慎看待。以下「三不」行為是能最大程度確保關鍵字上榜的技巧：

禁止讚美

這裡的任務，是把關鍵字衍生的事情寫好寫滿，所以，不要推銷自己的服務。（很多人在這個地方都會失敗，請特別注意。）

禁止「不」做研究

　　原創的資料不是坐在電腦前面「幻想」就可以生出來，除非你自己本來就是這個領域的專家，那才可以省略，因為這代表你其實已經研究過了。

　　我建議你至少要花費 70%的時間做研究、30%時間撰寫。比例是 7：3，不是反過來。

禁止偷懶

　　內容越充實，排名機率越高。偷懶、漏寫，就會增加失敗機率。

▌保證上榜

　　我用這招，把客戶向我分享的「事業經」用整理內容的方式編輯成文章，發布在網站上，關鍵字在 3 天之內就從零直接衝到 Google 第一名。這也讓客戶笑得很開心：「哇，沒想到你這樣寫一寫就真的排到第一名，還維持很久耶！」

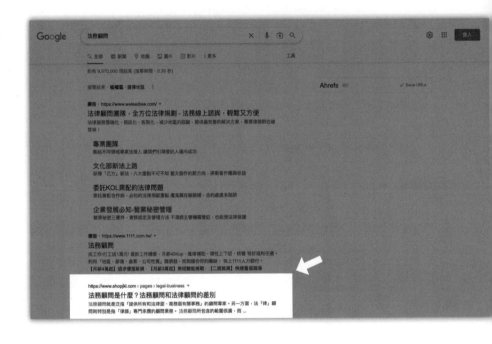

■ 和搜尋引擎規範一致

　　這樣全套做下來之後，你會發現，所有的要求都和搜尋引擎的規範一樣：

- 主題關鍵字都有出現在顯眼位置，例如標題和主要章節
- 比起搜尋結果中的其他頁面，提供了**更高的價值**
- 提供了**原創**內容或資訊，與**原創**的研究分析
- 提供**完整且詳盡**的主題說明

　　大綱結構明確、每個段落文字都緊扣章節主題、每個章節主題都圍繞著重點關鍵字所要探討的問題，讓讀者查到這一頁就能得到完善的資訊、不用再回去 Google 查。這樣的話，這頁面自然就會是 Google 最想排名的重點對象。

　　天生就容易排上的關鍵字，再搭配有條理的策略，那麼排名成效自然就「萬無一失」。就算「偶有失蹄」，那廠商也敢用打賭的方式提供保證。

　　這個業界祕密，你現在也學會了。

22

新手開店，該怎麼找對的關鍵字寫文？

—— 善用基本搜尋技巧，快速開展知識脈絡

　　塑膠射出、大型破碎機、商業貿易批發……這些關鍵字數量根本超稀少的主題，該怎麼做內容？這是大家詢問率極高的問題。

　　但其實沒什麼領域是「找不到關鍵字」的。在我看來，這些反而是源源不絕的內容起點，而且你只要善用搜尋引擎的基本技巧就能做到了。

　　只要你會 Google，就能高效率地開展關鍵字策略和掌握知識脈絡。

▋ 搜尋欄的預測字串

　　看似什麼都沒有的搜尋欄位，其實隱含搜尋引擎精心打造

的「預判」功能，它用盡全力想猜對你接下來要輸入的字，就為了幫你省下幾秒鐘的時間。每次少個幾秒鐘，換算下來就是長達數月的寶貴光陰 27。而我們正可以借助這種神機制，來抓出對你事業最有利的知識節點。

　　以「內容行銷」這個關鍵字舉例，當你把字詞放進搜尋欄位的時候，先別按下輸入，你會看到以下這些「預測查詢字串」：

- 內容行銷課程
- 內容行銷行事曆

還沒完喔，你還可以改在字詞的前、中、後加上「空白鍵」。後面加空白的「內容行銷」預測字串：

- 定義
- 案例
- 優勢

---

27 https://www.youtube.com/watch?v=tFq6Q_muwG0&t=2115s&ab_channel=Google

這些從「內容行銷」衍生的知識脈絡，已經開始越來越清晰了。

在中間加上空白，「內容行銷」也可能導出不同的語詞：

- 社群內容行銷
- 產品內容行銷

從這邊可以發現：原來大家會在意社群、產品相關領域的內容行銷。

最後，在字串最前面加上空白鍵的「內容行銷」，會多釋出一些重點案例：

- SEO 內容行銷
- 臉書內容行銷
- 全聯內容行銷

光單一關鍵字就能夠延伸這麼深遠的連結了，而這裡的每個字詞都還能用同樣方法再延伸。所以，你已經不只有一份清單，而是整份知識地圖了。

這是搜尋引擎運用演算法，花費極大心力預判人類即時搜尋需求得到的結論。因為 Google 要讓你覺得它的產品超好用、離不開它，它有極大動機讓你在搜尋的過程中找到所有想

找的事情，而你也可以利用這點。

透過這樣的方式，其實你也已經排除了很多不必要的方向，比如內容行銷「簡史」、內容行銷「筆劃」⋯⋯這些大概是你光看就知道不會考慮的東西。

但在初學階段、在還沒那麼熟悉的主題上，善用這技巧的成效就很強大。

■ 搜尋頁面中的線索

就算是關鍵字專家、內容專家們其實也花很長時間「解讀」看似極簡的搜尋結果頁。我親眼見過 SEO 公司的老闆、分析師們都是「盯盤」搜尋頁面，想辦法從中找出致勝線索。只要細心觀察，你也可以。

有沒有發現，頁面滑到最後會出現「相關搜尋」的小按鈕？點下去你會執行「連搜」，可以從相關搜尋裡再挖出「關鍵字相關搜尋的相關搜尋」……

除此之外，頁面中段還會出現各式問答的「其他問題」功能。例如搜尋「內容行銷」，中間就可能出現這些：

- 內容行銷有哪些？
- 內容行銷怎麼做？
- 為什麼要做內容行銷？
- 內容策略是什麼？

這樣就是各種主題的關鍵字研究技巧了。就算是冷門主題、沒聽過的主題也都適用。

■ 社群討論裡的需求

「你必須很懂你的客人。你得在目標群眾裡面蒐集到足夠情報、成為掌握顧客的專家。」

——喬瑟夫・休格曼（Joseph Sugarman）

你要用內容吸引客戶、賣出自己的產品和服務，但你知道他們在想什麼嗎？

關鍵字研究的「致勝技巧」，是在客人討論的地方直接認識他們的疑慮、解答他們的問題、讓自己成為客人。

客戶會問的問題往往就是商業價值最高的問題。從社群貼文、論壇話題、和客戶的對話當中，你都有機會能找到這些最前線的疑慮。

所以，你能了解我在臉書上每週六舉辦 SEO 問與答的好處嗎？這能幫助我第一手掌握大家的疑惑。我從問答的討論可以對客戶的疑慮更加了解，幫助我把最有價值的知識融到我的內容策略裡。在提供解答的過程中，也無形地增加了我自己的專業度，還能同時帶給讀者價值。

我建議你，研究完搜尋引擎之後，別忘了社團、論壇，還有多和客戶溝通，去掌握他們的需求。

■ 偷懶導致抄襲

要注意：別想著複製貼上，也別想著那些和複製貼上很像的行為。因為掌握知識本身是不該偷懶的，就像「假裝」很懂客戶跟真實了解客戶，效果一定差很多。

偷懶還會導致抄襲。

很多人做關鍵字研究是這樣的：「嘿！既然我都找好字串了，不如把那些排在前幾名的頁面拿來改寫、拼湊起來，不就可以很快收工了嗎？」

這是不對的。換句話說也是一種抄，叫做改寫抄襲（Paraphrasing Plagiarism），而且它很不聰明的地方在於門檻很低。你能偷懶完工，那麼競爭者也可以，路人用 ChatGPT 這類工具也可以。

想搞這種能輕易被複製的內容策略，那我建議乾脆一開始就別這麼認真。

紮實進行事前研究、確實整理與弄懂知識其實有很高的益處。我靠這個策略在 2 年前只寫「一篇文章」，就順利把「內容行銷」這個關鍵字排進首頁，到現在它都沒有掉出去。

這種策略才是可以撐得最久、對資源配置最有效率的方式，而你也能更深層地掌握知識本質，再帶給讀者價值。用這套方法，就算面對「塑膠射出代工」這種看似冷門的產業，你也能快速抓到「塑膠射出、塑膠模具、射出機、塑膠材料

……」這些相關的內容。這樣，你的內容價值和流量潛力就不會有封頂的一天。

23

7 大 SEO 技巧讓電商官網流量破表，達成百萬營收

── 你是賣東西，同時也可以賣知識、賣內容

　　我自己就是在開店平台上經營 SEO。我用的是「硬核」操作方法：不開部落格、開網頁發布超過 10 萬字、完全零廣告……，但這個網站每個月達到破百萬的曝光，並且把「手鍊推薦」、「貨源」、「ebay 台灣」等 2,490 個關鍵字排在 Google 首頁，吸引數百萬營收。

　　你的 SEO 不用做這麼用力，只要看完以下技巧，就能最高效率讓你的電商官網流量破表！

■ 1. 布局高品質內容，別再填欄位了

　　填內容，別填欄位。電商官網會設計很多「SEO 友善」的位置，像是描述語、關鍵字、標籤……這些都沒用。它們對

SEO排名的影響幾乎是零。

重點在於「內容」。內容充實，這些欄位就像畫龍點睛；缺乏內容，欄位再怎麼認真填都沒用。我分析過的電商平台，10家裡面大概9家有「內容不足」的問題。

什麼內容不足？產品上架的時候，資訊不是都放很多了嗎？

Google主要依靠網頁的「文字」判斷品質和排名，你的客人也都是輸入「關鍵字」在Google上查找資訊。所以，創造高品質的文字內容，在客人查找時確保你的店面成為能提供有效資訊的那一家，才是提升電商SEO成效的關鍵。

現在開始用心累積：蒐集資料、寫文章、排進行銷流程，這樣你才能收穫可觀的長期成效。

■ 2. 別把文字嵌在長長的圖片上

你也喜歡用那種很瘦長的一頁式排版，把精美的照片和文案都放進圖裡嗎？有時候這對轉換很有幫助，我懂。

但如果你在意SEO，你必須明白這樣的設計對搜尋很不友善，因為搜尋引擎不能有效爬取圖片上面的文字資訊，它看不懂。你必須把描述性的文字補在頁面上，這樣才能被Google查到。

那種專門用來結帳、純粹只賣東西的少數頁面就算了，但如果你整個網站都有這樣的問題，我強烈建議：請你一定要補

上文字,將重要資訊附在網頁上。這個小小的調整,很可能會
讓你的關鍵字排名,像火箭一樣大幅成長。

▌3. 布局知識型內容

這是最被大家低估的策略。畢竟賣貨的電商官網又不是百
科全書,寫知識幹嘛?給你看幾組數字你就會明白了。左邊是
「關鍵字」,右邊括號是「搜尋量」:

- SEO(17,000)
- SEO 排名服務(0–10)

- 項鍊推薦(3,300)
- tsmile 鏈墜玫瑰金小號(0–10)

看到了嗎?跟知識有關、意思廣泛的字詞,搜尋量往往都
很高;特定產品、商業服務的詞彙雖然很直接,但幾乎沒有流
量。

知識型內容的用途,是幫助你把流量倒進商業購買的「流
程」裡面。不用多,10,000 人裡面如果有 1% 願意買單,那就
是 100 單了。但如果不做,就沒辦法享受到這樣的優勢,也沒
有善用到 SEO 的長處。

■ 4. 確實串接 GSC

很多官網開店開很久，但從來不知道 GSC（Google Search Console）是什麼，這樣不行。這可以說是操作 SEO 必備工具，拜託你，一定要裝！這只要花 15 分鐘，做一次就好。

為什麼它這麼重要呢？因為 GSC 就像是搜尋引擎的後台，讓你洞察客戶是透過哪些關鍵字進到你的官網。它也會顯示技術異常、回報 SEO 數據、提供各種洞察報告……就連職業等級的 SEO 專家，也都依靠 GSC 的後台資料做深度分析。

我看過很多電商官網都沒有裝。如果你想做好 SEO，那就別逃避—— GSC 一定要裝！

■ 5. 善用內部連結

搜尋引擎有「爬蟲」，它是透過頁面和頁面之間的連結來探索、辨識你的重要資訊。

你新開的分類頁是怎麼被搜到的？爬蟲從「首頁」連過去。有新產品上架，搜尋引擎怎麼會知道？爬蟲能從「分類頁」找到。你如果發布一個重要頁面，卻忘了在其他頁面加連結、導過去，搜尋引擎就很難發現。客人也沒辦法從首頁、從其他頁面連過去，SEO 成效就會大打折扣。

把這個口訣記下來：從首頁出發，到任何頁面最好不要讓

客人「點擊超過 3 次」。還記得「知識型內容」嗎？

- 撰寫高價值的知識頁→加入連結→你的產品分類頁
- 開設產品分類頁→加入連結→產品銷售頁

■ 6. 把無用頁面斷、捨、離

- 內容重複的頁面
- 多年缺貨的商品頁
- 早就過期的促銷折扣活動頁
- 不知道多久以前寫到一半的新聞稿

這些請刪掉。很多電商習慣洗出很多無效頁面，但這不但容易造成頁面管理上的麻煩，也可能稀釋網站整體的內容密度。

如果你的官網充斥對搜尋沒有幫助的頁面，會被搜尋引擎認定成實用性不高的網站。如果網站品質訊號不佳，就會影響個別頁面的表現。也就是說，大量的老廢頁面，會拖累你官網的其他網頁。

我建議你不要創出大量品質不佳的網頁，並且定期審視，把無用的內容刪除或整理乾淨。

■ 7. 善用 h2、h3 等段落標籤

別費心去研究描述語（meta description）、關鍵字設定欄（meta keywords）要填什麼。Google 老早就在官網上聲明過，它完全不會把這些資訊納入排名考量，所以請把心思改花在 h2、h3 這些段落標籤（headings）上。適當使用段落標籤，可以讓 Google 判斷頁面上的內容重點。它也會讓你的頁面結構更有層次、提高 SEO 成效。

現代人沒什麼耐心，大多數人都用窄窄的手機螢幕、行動裝置上網。善用段落標籤能讓使用者不額外耗費腦力和眼力，就可以很快「刷到」頁面上的資訊是不是他想看的。當他把注意力省下來、直接跳到想看的地方，就能把剩下的精力花在對你的消費上。

24

別拖了，GSC 是你必須安裝的分析工具

—— 少了這項工具就像矇眼睛射箭，依然可能會中，但必定是瞎矇的

經營 SEO 必須使用這個工具：Google Search Console，不能不用。它簡稱 GSC，這是所有 SEO 專家、網站經營者的必需品。在搜尋引擎最佳化領域，GSC 甚至比 GA（Google Analytics）重要好幾倍。GA 只是選配，GSC 則是必備。

經營關鍵字不使用 GSC，就像開車時把儀表板整個拆了，只「憑感覺」判斷車速。把重要數據全丟了、只憑感覺判斷是不明智的，這會讓決策充滿偏見、誤差。當你車速過快、面對競爭激烈的關鍵字領域，還會翻車。

討論關鍵字搭配 GSC 數據，就好像討論品牌經營要搭配官方網站一樣，沒有官網不會馬上死掉，但這就表示你永遠還沒「開始認真」。

很多人在找顧問、學關鍵字技術之前，往往都是沒有串接

GSC 的狀態。別等了，快安裝吧！

▌看似陽春的高深介面

　　GSC 是一個看似介面白淨、花樣不多的工具，但裡面其實高深莫測。網站被搜尋引擎造訪的頻率、安全問題、是否受到懲罰……等狀態，在 GSC 上都有資訊。

　　GSC 更提供了內容創作者極為強大的搜尋洞察資料，重點數據有：區間走勢、關鍵字流量、曝光、點閱率、排名位置。關鍵字到底排第幾名、點擊率如何、搜尋流量有多少，這些都是創作者必備數據。

▌你的關鍵字排上第幾名 [28]

　　你的關鍵字經營得好嗎？看排名就知道了。

　　搜尋引擎存在「比較級」的概念，你的搜尋排名取決於其他頁面的表現。排名位置越高，關鍵字表現越好。如果你的頁面表現比所有網頁都好，你就是第 1 名。要是某個關鍵字競爭特別激烈，那麼隨著時間變化，排名贏過你的數量可能就會變多。如果大家都經營得比你好，你的關鍵字排名就會很難往前。

28　https://support.google.com/webmasters/answer/7042828#position

要怎麼知道自己網站的關鍵字排名表現如何？ GSC 會統計你的網站出現在 Google 搜尋頁上的位置變化，給你一個相對準確的平均值。排名的「物理性質」是從上往下排列的，要是你的名次位置低，被看見的機率就低。

■ 點閱率

你還在迷信下怎樣的厲害標題、填寫怎樣的描述語才會有更好的點閱率嗎？這些確實能增進點閱率，但影響薄弱，真正決定點閱率的東西只有一個：排名位置。排名越高，點閱率就越高，因為這受制於搜尋引擎頁面的物理性質。

根據 400 萬筆資料統計[29]，排在第 1 名位置的頁面吸走了高達 27.6％的流量，而排名在第 2 頁的所有內容，只能分得到 0.63％的能見度。這要怎麼確認？打開 GSC 的點閱率和排名數據一對照就知道了。不開 GSC，就很可能困在自己幻想出來的薄弱數據上執著。

想要流量、想要提高點閱率，最好的辦法就是提升排名位置，沒有之一。這只要拿數據出來對照、確認就知道了。

---

29 https://backlinko.com/google-ctr-stats

■ 曝光次數

曝光的意思[30]，就是讀者在搜尋引擎上可以看到你的次數。如果你的關鍵字在第 1 頁，那麼大家搜尋的時候就可能會在同一頁上滑到你。那麼每當關鍵字被查詢到，你就會得到一個曝光。

要是你的關鍵字只排在第 8 頁，那除非他要翻到那麼後面，不然就永遠不可能進到你的網站[31]。事實上，絕大部分讀者查資料時很少翻超過第 2 頁，這樣你就很難得到曝光。

當你的關鍵字排上首頁，你的曝光數就是衡量「搜尋需求」極貼切的指標。只要有人在 Google 查詢某個字詞，你就能看到它的真實搜尋量，你就知道市場對哪些議題有疑惑、熱門的趨勢怎麼樣，很多資訊是你沒有親眼看見，就無法自行推斷出來的情報。

你知道查詢「產品缺點」的人其實非常多嗎？你知道查詢「健檢費用」的需求每個月高達上萬次嗎？把網頁內容經營好，你就能比競爭對手知道更多市場上的數據和趨勢。這是相當寶貴、不是每個人都能拿到的情報。

30　https://support.google.com/webmasters/answer/7042828

31　https://support.google.com/webmasters/answer/7042828

■ 有多少人找到你

SEO 流量是讀者要先上搜尋引擎、再點擊進你網站內的流量。怎麼知道搜尋者有沒有從 Google 進來？看 GSC 點擊次數就知道了。

萬一你不看 GSC，你就會把社群流量和 Google 流量混在一起，你就會以為花廣告「買來的」客人名單，是你的關鍵字經營成功所達成的結果，但其實當你一停掉廣告，就會完全沒有搜尋引擎的客源。

正確分析流量才能掌握正確的數據，做出正確判斷。

■ 走勢如何

最近這 3 個月，網站的 SEO 表現如何呢？不是看分數、不是靠感覺，最好的辦法就是直接開 GSC 看完整的成效報表。如果排名都很前面，但是曝光低了，那可能代表這系列的關鍵字搜尋熱度降溫。如果曝光與流量雙雙提高，那可能表示你辛苦經營的內容終於有成，準備迎接火箭般的成長。

GSC 的介面讓你可以切換當周、當月、本季、或是今年的整體走勢。所有的成長、變化都一清二楚。

■ 不讓直覺與市場脫節

當行銷業務跟你說，嘿！這個關鍵字最近超熱門耶，但往往你自己去打開 GSC 就能發現，完全不是這麼回事。如果只憑感覺，可能會覺得網頁排上某個「關鍵字」就是成效好，但實際上說不定根本就沒有人在搜尋。

有些開放讓不同使用者都能發表內容的平台，流量突然增加十幾二十倍，但這不一定是好事。仔細一看才發現，哇！原來是有人偷傳盜版電影，難怪這麼多人湧入。

如果不憑藉數據分析，那所有的 SEO 討論幾乎都會變得沒有意義，因為真正的資訊和情報可能與實際大量脫節，也毫無根據。

■ GSC 必須裝

數據會說話，而 SEO 是一門講求實戰、可以用真實世界的數據驗證的學問。只有 GSC 才會給你最純粹的關鍵字數據，這是來自搜尋引擎工具的數字。如果你討論 SEO 卻不用 GSC 的資料，那就像開車把儀表板給拆掉一樣，既不明智，又很危險。

時間範圍

關鍵字曝光數

關鍵字點擊數

熱門搜尋關鍵字

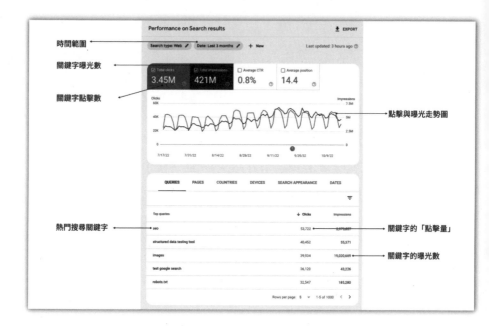

點擊與曝光走勢圖

關鍵字的「點擊量」

關鍵字的曝光數

25

絕對別做！
保證毀掉 SEO 的 13 顆大地雷
—— 你以為不會發生，但就是會發生的 SEO 惡夢

從事多年 SEO 顧問，我觀察到許多人把 SEO 看成像是一種「神祕的密碼」：沒塞某個關鍵字，成效就會掉；漏了哪個待辦事項，SEO 就會「扣分」。

其實不是。SEO 是「搜尋引擎最佳化」。也就是說：重點是要知道，你經營的事情「在搜尋引擎上」會有什麼效果。

在家寫部落格，你不會沒事把重要文章給「刪了」。但如果管理你文章的人，有業務主管、行銷主管、工程師、老闆……，他們不一定知道「原來刪文章會讓 SEO 消失、會讓你的辛苦毀於一旦」。所以有時候你更重要的「優化任務」是想辦法「別踩地雷」。

以下，是 13 顆實戰驗證過「踩雷」下場超嚴重，但卻也超常爆炸的 SEO 大地雷。

■ 1. 網站下架

網站沒了，就什麼 SEO 成效都不用談了。當別人搜尋關鍵字、點進你的網站，結果進去之後發現不能看！這樣就算排名第 1 也沒用，當然也就不用討論任何的 SEO，因為沒有意義了。很多人會覺得這是「廢話」，但其實「網站消失」比你想像中更常發生。

- 刪錯了
- 換工程師、沒交接
- 網域過期，忘了續約
- 網站重新設計，外包廠商「掛保證」不會出事，結果網站還是關了

以上都是導致網站「直接不見」、同時 SEO 歸零的原因。偶爾當機、例行維修還可以，但千萬別讓網站消失。

■ 2. 刪頁面

把頁面刪除就等於抹去 SEO 訊號，讓所有累積的 SEO 成效歸零。很多人覺得這沒什麼，不過就刪個頁面而已，尤其是對 SEO 不熟的人，但這對搜尋引擎來說，就是呈現了一頁「錯誤結

果」給讀者。Google 會想辦法在最快的時間讓 SEO 排名消失。

■ 3. 改網址

「改網址」跟「刪文章」其實一樣。這有點違反直覺。對你來而言，你只是「順手」改個網址，內容又沒變，對搜尋引擎來說卻是這樣的：

1. 本來好不容易累積排名的文章：刪除了
2. 增加了一份新文章
3. 新文章：重新慢慢累積排名

如果你不會把文章隨便刪掉，那就不要隨便改網址，改網址跟刪文的 SEO 效果幾乎一樣。

■ 4. 禁止 Google 的按鈕

在 SEO 領域裡沒有「一鍵排名」的神奇按鈕，但卻有「一鍵崩壞」的 SEO 設定：禁止造訪。意思就是「整站禁止搜尋引擎來看」。它的專業名稱叫做 disallow。你不用知道詳細的技術原理、操作方式，你只要知道：

1. 網站存在這樣的一個危險東西
2. 你要認識「控制這個開關」的人是誰

這樣就夠了。

有些網站牽涉隱私，不應該被搜到，搜尋引擎就會嚴格遵守管理員的指示，所以網站一旦標記成「禁止進入」，搜尋引擎會用最快速度把一切資料全部清光，「盡力幫你」把 SEO「清零」。千萬不要亂碰這樣的設定，你還要知道這開關「在誰手上」。

■ 5. 禁止收錄

除了禁止 Google 造訪，還有一種方式是允許 Google 拜訪、但不允許收錄。禁止收錄的效果和刪文章很像，它的意思就是禁止 Google 把你的內容收進它的資料庫，也就不會有排名。

這就像你寫了一本書，別人可以看，但你卻禁止書本收進圖書館，這樣其他人就永遠借不到這本書，你的書也就不可能出現在圖書館的目錄上。

■ 6. 刪內容

把重要內容刪掉，就很像一本熱銷排行榜前十名的暢銷書，結果書翻開來裡面是「空的」。它或許還能在書架上待一

陣子，但很快讀者就會抱怨了。管理員不會放任沒內容的書本
待在排行榜上，所以內容被刪的網頁，很快就會失去搜尋引擎
的排名。

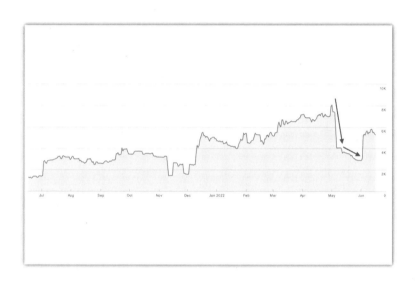

▌7. 允許別人「複製貼上」

我曾經幫客戶寫過一篇文章，幫客戶把流量超高的關鍵字
排上第 1 名，得到極高流量。但有一天客戶卻「授權媒體全文
轉載」，過沒幾天，我的文章還在第 1 名，只是排名的網站「瞬
間換人」，客戶的排名也消失了。

怎麼會這樣？

假設我今天寫出了一篇世界上最棒的文章，但我同時授權給知名的《紐約時報》刊登，那你覺得我的「能見度」會比較高，還是《紐約時報》上的作品？答案是《紐約時報》得到最高的流量，因為它才是更有名、更權威的媒體。

搜尋引擎的邏輯也是這樣的。它知道讀者不會想「連續看到一樣的東西」，所以「重複內容」會被隱藏。

誰的內容會先被藏起來？權重越低的網站越容易被隱藏，就算你先刊登也沒有用。所以，你的 SEO 功勞就有可能「全部埋沒」了。

■ 8. 孤兒頁

　　正常來說，當你寫好一篇部落格文章，它就會出現在首頁的「最新發布」上，大家都可以在首頁上讀到這篇文章。

　　但實際上並不是每個網站都這樣。假設你在「企業官網」發布內容，有很高的機率它不會「主動出現」。這時候，最好的辦法就是要在顯眼的地方插入「通往這篇文章的『連結』」。

　　沒有任何「連結」能通的頁面在 SEO 裡稱為「孤兒頁」，除非讀者直接輸入網址，否則幾乎不可能看到內容，這也會讓搜尋引擎幾乎找不到。所以，「孤兒頁」的排名表現會很差。

■ 9. 網站結構大改

　　正常的網站結構會有「連結層次」，類似這樣：

首頁

↳關於

↳新聞稿

↳部落格

　　↳ 2022 文章（113 篇）

想看 113 篇文章的人，不會在首頁上看到滿滿的標題，而是要先點擊「部落格」，再到「2022 文章」裡面去翻找。搜尋引擎也會從這樣的「連結層次」去判斷層次的優先順序。

但有時候你會想大改網站結構，「洗牌」它們的順序和層次，這樣的異動就可能產生各種「孤兒頁」、連結架構亂掉等問題，對 SEO 造成難以預期的影響。

■ 10. 駭客入侵

如果你的網站「遭駭」的話，SEO 可能也會有負面衝擊，因為搜尋引擎不想讓別人搜尋到有害的內容。最好的辦法就是安裝 Google Search Console 工具，讓它隨時為你監控可能的異常，如果系統偵測到駭客異常，就能即時寄出通知，讓你有機會向工程師請求援助。

■ 11. 讀取速度

頁面讀取速度太慢，SEO 的表現就會受到拖累。

• 動畫
• 蓋板廣告
• 累贅程式元件

• 過於肥大的圖片

這些項目都有可能造成網頁速度變慢。如果太嚴重、「轉半天」都讀取不出來，那排名的表現就可能會變差，因為太慢的頁面也會對讀者造成困擾。

▌12. 轉網址

「轉址」就是換網址，它的意思就像「餐廳搬遷」一樣，店家沒變，只是換地方了。如果轉址有做好，讀者點進頁面就會自動被「傳送到」新的地方。如果轉址沒做好，本來想看頁面的人被傳送到「錯誤的地方」，無法查詢到想看的東西，SEO 的成效也會變差。

▌13. 搬家

搬家就是換網址的意思。搬家是 SEO 的惡夢，因為換網址對搜尋引擎來說，是下面這一整串問題的總和：

• 關網站
• 刪文章
• 孤兒頁

- 重複內容
- 網站結構大改

　　理論上，你只需要100％對應地轉網址，「一個蘿蔔對上一個坑」，那SEO就會沒事。但實務上「幾乎100％會出事」。

　　SEO專家建議，搬家前最好預留3個月準備時間，在不同環境下妥善測試，並且搭配SEO專家的審核，這樣才能確保最低的損失。但實際上很少人這樣做，在管理員幾個按鈕的「一聲令下」，搬家就發生了，沒有人會在意SEO專家的建議。於是，重要的SEO往往也就跟著全崩了。

26

你的客人到底在想什麼？
解讀 SEO 搜尋意圖

—— 意圖不只是重要評鑑標準，還會讓關鍵字完全排不
　上去！

「搜尋背後的意圖是非常重要的指標。即使網頁的速度緩慢，
只要內容的品質好而且符合查詢意旨，仍會得到好排名。」

—— Google[32]

這段節錄來自 Google 搜尋中心，寫給網站管理員和開發
工程師的 SEO 網誌。但奇怪的事情來了，Google 幹嘛在網頁
速度的說明裡強調「搜尋背後意圖」？在技術面資訊裡面講意
圖，不會太「跳 tone」了嗎？

這是因為它太重要了。Google 很少公開強調哪些因素能對

---

32 https://developers.google.com/search/blog/2018/01/using-page-speed-in-
　mobile-search?hl=zh-tw

排名造成大幅影響，因為要避免被濫用，「搜尋意圖」則是個罕見情況。所以它很重要，你的內容一定要符合搜尋意圖，不然排名的可能性微乎其微 [33]。

■ 搜「蘋果」為何找不到紅色水果？

輸入 apple，你沒辦法在 Google 上查到薔薇科、富含維生素的多汁水果。這是因為大部分搜尋者這時候想看到的東西，是 Apple 公司。大家都要找設計 iPhone、生產各式電子產品的那家蘋果，但沒人想知道吃蘋果的資訊。吃蘋果、拜訪蘋果的

---

33 https://ahrefs.com/blog/search-intent/

網站，分別代表讀者的 2 種「搜尋意圖」。

　　Google 花費很多心思確保網頁內容會符合搜尋者的意圖，它也希望創作者掌握讀者使用搜尋引擎的背後動機。在 Google 的《品質評分機制》裡面，花了將近 100 頁的篇幅探究網頁滿足讀者需求的程度，從「完全滿足」到「無法滿足」總共細分了 9 種評級，說是著魔也不為過。

▌搜尋意圖的 3 大種類

　　根據上億次的數據統計，搜尋意圖能分成幾個重要類別。你只要記得這 3 種就夠了：

1. 資訊意圖（想查資料、找答案）
2. 商業意圖（想做事情、買東西）
3. 導航意圖（想找網站）

資訊型意圖（Informational Intent）

　　這表示讀者想查資料、找知識。它也是大家最熟悉的搜尋引擎用途。

　　當你在 Google 輸入「關稅」的時候，會找到哪些資料？關稅的知識、稅務法規、《維基百科》介紹……都是這些和知識密切相關的資訊。但你幾乎看不到購物網站、網拍平台、優惠

特價的資訊，沒錯吧？因為這些是要在你想消費的時候才會查
詢的字詞。

商業型意圖（Commercial Intent）

這是最有「錢味」的搜尋意圖。你可能想要訂餐廳、逛網
拍、找大家最推薦的水餃來吃。總之，就是跟付錢有關的意圖。

想像一下：當你搜尋「按摩椅推薦」大概會出現什麼？某
個明星代言的按摩椅廣告新聞稿？特殊節日送禮的攻略懶人
包？都不是。是多家按摩椅的「推薦排行榜」，會出現的是消
費者下手之前，想要多方比較的評鑑內容。

商業型意圖隱含的，就是消費者在查詢的時候想要付錢。
很多人容易誤會，以為這是個「我想推薦自家商品給人家」的
字詞，所以忍不住在自己的每個網頁上都加入這些關鍵字。

但這是沒用的，你親自查詢就能知道，10 個結果裡面有
10 個都是要「多家品牌排行榜」。如果你提供「不符意圖」的
資訊內容，那就差不多能宣告這頁不會有排名的機會。

導航型意圖（Navigational Intent）

你知道全世界最常被搜尋的關鍵字是什麼嗎？是
「YouTube」[34]。根據統計，它每個月被查詢高達 1,200,000,000
次。想想看，大家在 Google 上面搜尋 YouTube 這個關鍵字是要

---

34 https://explodingtopics.com/blog/top-google-searches

幹嘛？答案是「進到 YouTube 官方網站、看影片」。

導航型意圖就像開車配置的導航裝置一樣，幫你開到想去的地方。「蘋果」也是個導航意圖非常明顯的關鍵字，因為當你把它輸進 Google 當中，你會看到 Apple 官網排在最頂端的位置。大家搜尋蘋果，就是要看到蘋果官網。

▊ 搜尋意圖怎麼判斷？

直接把關鍵字拿去搜尋就能知道了。搜尋引擎就像是可以互看答案的一場考試，從第一頁的前 10 名找答案，就能知道高分的考生答案都怎麼寫。如果 10 個裡面有高達 8、9 個結果都是知識百科、懶人包，那幾乎就能確定這關鍵字的意圖是資訊型。

又比如說你搜尋「水餃」，秀出來的結果幾乎都是網拍、下單的電商平台，那你就能知道這個關鍵字是商業型意圖。

▊ 意圖不符怎麼辦？

那你就再重寫一篇。創作整份全新的內容、打造出最貼合使用者意圖的網頁。這時候千萬不要想著在舊文裡硬塞字詞進去，這是許多人誤會的盲點。大家往往會問「這篇怎麼優化、文章怎麼改寫」的類似問題，但這也是讓內容專家最頭痛的問題。

為什麼？因為改稿比重寫還難啊，尤其是內容一開始基礎

就整座歪掉的時候。

試想一下，當你拿一整篇上千字、介紹自家品牌的促銷選購文案去改，但 Google 的搜尋結果明明就顯示「按摩椅推薦」是多家商品評鑑「排行榜」，那整篇只吹捧自家品牌的廣告，是要怎麼「優化」成評鑑排行榜？只討論同一家商品的文案，是根本無法修成「多家評比」的，當然是整份重寫最快。

在處理意圖的時候，你不應該用塞關鍵字的方法滿足讀者。最有效率的方法是不偷懶、直接寫一份全新內容，確保它從娘胎出生就對準搜尋者的意圖。

■ 精準狙擊

Google 怎麼知道你在想什麼？它或許不知道，但 Google 外包上萬個人工評鑑員，去記載各種頁面滿足搜尋者需求的程度。

搜尋引擎還有極大量的數據可以訓練 AI，想辦法讓最滿足搜尋意圖的內容、評鑑最好的網頁排到最前面，不符合的丟去後面。

所以最有效的內容策略，是在最開始的時候先透過 Google 研究，好好歸納能排最前端的頁面滿足了哪些共同需求，再去針對意圖精準打擊，對症下藥。這樣就能事半功倍、高效率掌握好影響排名的關鍵因素。

27

怎樣的內容會被 Google 認為「實用」？

—— 善用自我檢核清單，靠實用內容帶來真正流量

　　馬斯克在專訪中多次被提問，對年輕世代的最有用建議是什麼？他的回答是：「試著當個有用的人。」[35]

　　馬斯克認為，能夠向世界、對人類提供最大用處的方法，就是廣泛閱讀、吸收大量知識。據稱馬斯克在很小的時候，就把家裡附近的圖書館、還有《大英百科全書》給看完了 [36]。

　　搜尋引擎上每年有高達 15% 的查詢字串是從來沒被搜過的資訊 [37]，全世界的人半小時在 Google 上執行的搜尋知識量足以

35　https://youtu.be/M-ZH3psUbfU?si=5LjG-T3sq9Q06Ezu

36　https://www.cnbc.com/2017/02/21/billionaire-elon-musk-credits-his-success-to-these-8-books.html

37　https://www.google.com/search/howsearchworks/our-approach/

建出 27 座圖書館[38]，這表示人們對知識的渴求永無止境。搜尋
引擎作為最大的知識匯集單位，它也高度看重內容的「有用程
度」。它設計了專門評鑑內容實用性的機制，大規模降低被貼
上「不實用標籤」的網站排名。Google 更透過 AI、機器學習技
術，大範圍獎勵實用內容、剔除劣質頁面。

　　從個案角度看，也許能發現僥倖存活的異常頁面；但宏
觀來說，實用性低落的網頁能見度不斷在銳減。相同等級的頁
面，實用性越高的總是勝出。普通等級的內容也許表面看起來
還能抗衡，但長期之下，實用性高的終究是贏家。

■ Google 針對實用性的專屬演算法

　　搜尋引擎不惜把最尖端的 AI 技術用在追求品質，這很明
確展示了**它是認真的**。Google 不只單方面「盼望」你提供好內
容，更投注資源親自執行。

　　針對「實用性」機制，SEO 專家們多次看到了大幅度的排
名震盪，那些排名驟降的頁面往往是品質不怎麼樣的頁面。而
且每次的「實用性」改版，總會引發各界專家熱烈討論，甚至
還有意見領袖針對「實用議題」出書，就是為了深度討論怎樣
追求更實用的內容策略。

---

38 https://youtu.be/tFq6Q_muwG0?t=1793

　　這是來自 Google 的專門演算法——「實用內容系統」，是針對內容實用性的專屬演算法。為了讓實用的內容可以排在更好的位置，它大量分析搜尋者的行為、深度學習，從大量數據中不斷精進，辨識出最有用的頁面，而不是那些看起來有用、假裝有用的頁面。它也會根據劣質頁面的數量比例加以判定、註記，如果演算法偵測到網站帶有「不實用標籤」，其他高品質、實用的少數頁面也會遭殃。

▌創作實用內容該思索的問題

　　對內容創作者來說，被標上劣質是值得感到丟臉的象徵，因為認真的創作者是不會輕易對內容妥協的。

　　引進 AI 的機制後，關鍵字的排名早就不是只執著欄位填寫、達成某幾個指標就能搞定的問題了。那些執著「關鍵字該塞哪邊」、「埋設的字詞要幾組」等戰術，對照 AI 的演進來看，顯得既低層次又薄弱。追求對讀者有用的高品質內容，才是最值得專注的方向。

　　就算你只想要速成、短期變現，高實用性的內容依然是對你最有幫助的策略。因為能有效取得流量、大幅提高點閱率的，還是那些高品質內容。好的創作者懂得深究這些問題：

- 客人是怎麼進來的？透過搜尋行為。

- 搜尋的人有什麼意圖？想辦法滿足他。
- 有什麼是客人想要、而內容現在缺乏的？補上它。

既不會賺錢、又會邁向失敗的內容策略，總是專注在這種問題上：

- 我要塞什麼關鍵字才能排更好？
- 如果我的這份文案不適合，換成另一種廣告文案呢？

把自己需求、自家網站的表現擺在第一順位，反而是達不成目的、排名表現差的視角。就算這種內容策略放在銷售文案上，也是全然不及格的——因為文案必須以讀者利益為優先，沒有人在乎作者怎麼想。把「對讀者有用」放在第一優先順位，自己反而可以得到更多利益。

■ 內容實用度的自我檢核表

那麼該怎麼確認自己創作的內容是否實用呢？以下提供一份檢核清單，高品質的內容在面對這些問題的時候，可以充分地回答：Yes。

Google 的內容品質和實用度問題	問題類型	答案
內容的主要目的是不是為了要讓人們閱讀，而不是為了從搜尋引擎獲取流量？	實用性與滿意度	
內容是否由真人主筆，而不是有很高比例透過自動化產出？	實用性與滿意度	
內容主題是否符合網站設立的目的，或專注經營的特定領域？（讀者如果直接進站，是否會覺得內容很有幫助？）	實用性與滿意度	
內容是否確實回答自己提出的問題？	實用性與滿意度	
當一個人讀完內容之後，是否會覺得針對這主題已經學到夠多的知識，足以達成目標了？	實用性與滿意度	
內容是否提供原創的資訊、報告、研究或分析？	品質	
內容是否鉅細靡遺的涵括、深入探討特定主題？	品質	
內容是否提供精闢的見解或吸引人的資訊，而不是在講那些大家早就知道的事？	品質	
如果內容是參考其他來源，那有沒有補上大量附加價值和原創資訊，而不只是簡單複製貼上、換句話說？	品質	
標題是否能洽當地描述主題，或針對內容給出有用的總結？	品質	

Google 的內容品質和實用度問題	問題類型	答案
內容的主題標籤與標題的本質是否不刻意地譁眾取寵、誇大不實？	品質	
這會是你想收藏起來、分享給朋友，或推薦給他人的頁面嗎？	品質	
內容的呈現方式是否讓人感到信任：有清楚根據、有專家審閱證明、有作者或網站的背景資料——例如指向作者介紹頁面的連結？	品質	
你是否可以想像這則內容出現在報章雜誌、百科全書上，或者被它們引用？	品質	
如果針對內容刊登的網站進一步研究，你是否會覺得它受到大家信任、或者是公認的主題權威？	專業度	
內容是否明顯由同領域的專家或者愛好者所撰寫？	專業度	
內容是否沒有顯而易見的錯誤事實？	專業度	
對於和你的身家財產或健康相關的議題，你是否可以充分相信這份內容所講的事情？	專業度	
內容是否沒有錯別字或標點符號、文法上的問題？	產製與呈現	
內容看起來是否寫得很用心，而不是隨興產出、或匆忙趕稿而成？	產製與呈現	

Google 的內容品質和實用度問題	問題類型	答案
內容並非透過大量創作者、網路站群外包或量產，導致單個頁面或網站缺乏維護？	產製與呈現	
內容是否沒有塞下大量廣告，讓讀者無法專心閱讀內容、感到被干擾？	產製與呈現	
用手機看內容時是否能良好呈現？	產製與呈現	
比起其他搜尋結果，這則內容是否提供更高價值？	比較性	
內容看起來是否為了真實讀者的益處而創作，而不是因為作者想讓它在搜尋引擎取得好排名而產出？	比較性	

28

調理網站體質，
就要在叫賣中經營知識性內容

—— 賣水餃的網站，更應該教客人怎麼煮水餃

在商業網站裡面經營「知識性」的內容，有時候難免會令人感到疑惑。這是浪費資源、流量虛胖？還是真正有用的技巧？我今天就是個賣水餃的，專心弄促銷就好，幹嘛要去教客人知識？最簡單粗暴的答案就是「有流量」。

根據研究，四十幾億個大量關鍵字當中[39]，每月搜尋流量超過 1,000 的比例只有 0.1008％，比如「水餃煮法」就是特別熱門的字詞，而超過 99％的關鍵字沒什麼流量可言。想要有策略地取得流量，你就需要去瞄準這類型的字詞。

「想辦法提升搜尋引擎的自然排名、藉此取得目標流量」，這就是 SEO 的意義。要是搞錯方向，那你真正的目標是什

---

39 https://ahrefs.com/blog/long-tail-keywords/

麼，就可能要再認真想想。對搜尋引擎而言，好內容更是「調好網站體質」的靈魂核心。

■ 主題關聯性 [40]

你有沒有想過，世界上賣水餃的品牌這麼多，Google 怎麼知道要該排名哪一家？它判斷的核心依據就包含「主題關聯性」。

對搜尋者來說，你的網站是沒什麼價值的廣告集中地嗎？還是它是個乘載好多營養資訊、口味評鑑、製作工藝……的實用資訊寶庫？

擁有越多和主題密切相關的資料，它就能提升關聯性。讀者也是這樣看的：有花心思經營內容的網站，比起毫無資訊的廣告頁更令人信任許多。

怎麼增加關聯性？那就要經營相關內容。在這裡偷懶、放棄，就等於失去建立關聯性和權威感的大好機會。

---

40 https://developers.google.com/search/blog/2023/05/understanding-news-topic-authority?hl=zh-tw

■ 品牌曝光

曝光不會自己變出來。很多人以為網站架好，大家就會自動進來了。事實上，根據研究，有高達 90.63％的頁面沒能從 Google 得到任何造訪 [41]，也就是零流量。

流量是「分眾」的。對你的品牌忠誠、而且現在就想吃水餃的人，比例很少很少。稍微聽過你的品牌，但也會考慮不同商家的人就多了些。不認識你品牌，但對水餃有興趣、會到 Google 查詢資料的人，才是最大的那群。

想增加品牌曝光，那你就不該忽略高流量的群眾。

■ 接觸 7 次法則

有個行銷法則是這樣說的：消費者至少要被你「打到」7 次以上才會買單。這個行銷名詞是「the rule of 7」──根據專家歸納，想穿透特定市場、讓消費者足夠認識你，那你至少要在 18 個月的期間裡面接觸他 7 次。

曝光率夠高、實用度強的內容，能幫助你有效地觸及消費者，這就是在幫你「刷存在感」。等你之後想認真促銷、做廣告，那就只要再接觸他 3、4 次就夠了。

---

41 https://ahrefs.com/blog/keyword-research/

■ 建立信任感

擁有圖書館般大量知識的網站,跟看起來像詐騙、只有單一頁的網站比起來,你更信哪個?如果整家店裡面都空空的,除了要你掏錢的結帳頁之外沒有其他東西,是不是多少覺得怕怕的?甚至如果是那種昂貴商品、醫療保健類,客人買單之前擔心的情況會更加明顯。但你如果有經營內容,讀者的信任感整個就提升了。

搜尋引擎也是這樣的原理,如果它偵測到你有心在經營實用的內容,就會提升整體排名表現[42]。就算你是砸錢買廣告、把流量迅速導進自己家裡,紮實內容也會增加信任感、讓客人更快買單。這在無形之中也就省下你的廣告成本了。

■ 成為其他關鍵字的支柱

訊號良好的頁面還可以「有效支撐」你想排名的其他關鍵字。

比如說你今天有個超級促銷想宣傳,怎樣能在搜尋引擎上獲得很高的能見度?答案就是建立內容充實的資訊,得到排名之後,把訊號「灌進去」。

42　https://developers.google.com/search/blog/2022/08/helpful-content-update?hl=zh-tw

電商要怎麼增加商品分類頁的排名表現？開部落格、撰寫和商品相關的高品質文章，再用連結指向你要排名的分類頁，灌下去。

賣水餃的銷售頁怎樣能奪取排名？建立優秀的水餃知識內容，確保它有排名的實力、能獲取自然流量，再透過內部連結指向你在賣水餃的那個結帳頁，灌下去。這些「支柱文」，就是拿來把你的賺錢頁排名「往上撐」的終極武器。

■ 爬文額度

你以為 Google 超有錢、所以它有無限資源嗎？不是的，沒人擁有無限資源。正因為它懂得高效分配資源，所以 Google 才很賺錢。儲存資料的伺服器是很昂貴的，所以，搜尋引擎會優先去爬取那些資訊豐富、訊號良好的網站。至於不怎麼樣的網站，它就很偶爾才會去看一下，避免浪費。

兩家商業品牌，第一家網站只放了單薄幾個收錢的賣場頁；第二家網站除了賣場，還像個圖書館一樣經營出超豐富的知識寶庫、時常更新。那麼 Google 會很明顯地將資源投注在第二家網站上。爬蟲會常常來拜訪，當你一發布新內容它馬上就會看到，看到之後馬上就會收錄進搜尋資料庫，你的排名訊號會很強壯，發布新內容很快就能得到不錯的排名。

相反地，內容單薄的頁面被拜訪的速度超慢，就算造訪完

也不一定會被收錄進搜尋資料庫，連整體排名表現也會比別人差。經營內容可以說是「調整網站體質」的真正奧義！

■ 掌握數據

當你的內容在搜尋引擎得到排名，你就可以透過 Google Search Console 工具掌握資料。它會告訴你：客人是搜尋哪些字詞找到你？這些字詞熱門度如何？你的點擊率多高？如果你沒經營，就看不到這些資料，而這些資訊是能即時反應市場搜尋需求，相當寶貴的第一手情報。

你會知道：「哇，原來在台灣每個月有將近上萬次針對『水餃煮法』的查詢次數。」你還可以透過經營好的頁面查出更多長尾關鍵字：水餃煮多久？冷凍跟常溫有差嗎？要不要加水……？這些就是顧客購買前後最可能需要解答的問題。你希望得到這些答案的人，是透過你的品牌解答，還是在競爭對手的頁面上？

如果你是個賣水餃的網站，去經營「水餃煮法」的關鍵字文章不只很有用，它本身就是提升搜尋表現的靈魂策略。

29

如何更新既有內容，才能帶來最高流量？

—— 學習強者怎麼改最準

　　哪種方法最有效？看競爭最殘酷的產業就知道了：「賭場」。舊文全刪、不斷重寫、注入全新觀點、專家審改……這些，就是最高競爭產業的操作技巧。如果你把關鍵字排上首頁就能每月現賺 30 萬，你會怎樣操作？當然無所不用其極啊。沒有任何方法是太麻煩、太「重本」的，只要有幫助的策略都全上。

　　我研究過的博弈產業狀況是，單篇文寫上萬字、作者親自體驗產品和服務、雇用產業專家審核、寫完全原創的資訊。最經典的是它「全身大換血」的改文策略。你看起來是每篇萬字的長文、已經很巨量了，但它刷新過 7 版，真實內容量上看 10 萬字。再看看 Backlinko、Ahrefs 等歐美專家權威，網站這樣定期改版都是日常。

　　當然你不用做到這麼「卷」，但就算只用部分招式，也該

借鏡這些強者的策略才會真正有用。

▌內容換血

排名掉了怎麼辦？把內容換血、刷新。這就像百大電影排行榜，一段時間過去，榜單總會有所變動。如果經典好片排名下跌了，就代表它是爛片嗎？不是，只是人們對「新作」有更高期待。

保持內容新鮮度、定期修改內容，這是連 Google 在正式文件上都推薦的基本做法 [43]。

▌你最該刷新的 4 個地方，但不包括日期

你有沒有在 Google 上查過那種標示「3 天前」，點進去才發現根本是 3 年前的文章？很令人討厭吧。和「標題殺人、內容騙人」一樣，這是低階的招式，但很適合大規模泛用，你很難拿它怎麼樣，但你可以不用關注那種爛做法。

---

43 https://developers.google.com/search/updates/core-updates?hl=zh-tw#how-core-updates-work

- 換圖片
- 取新標題
- 重點精華改寫
- 改動開頭 100 字

這些都是你可以經常「刷新」的重點位置，而且更改的「表面積」，是足夠讓你可以大聲宣稱「3 天前」最新修訂的程度。

■ 注入獨創性

怎麼判斷獨創性？你看那種「主詞換掉、價值沒差」的文字，就是缺乏獨創性的廢文。

「寫作是現代人的必備技能，它能鍛鍊思考能力、邏輯推理，讓我們的想法得到釋放，思維得到梳理，情感得到宣洩……是一生當中最寶貴的禮物。」把「寫作」換成「下棋」、「閱讀」、「程式語言」還不是一樣？這種就是值得你全面刪除的無效文字，它只會拖垮成效、增加負擔。

怎樣能快速增添最佳的獨創性？自己的親身經驗就是了。你的個人經歷從發生的那一瞬間就注定獨一無二。

■ 加入經驗值

玩線上遊戲的時候，角色需要透過「打怪」賺到經驗值升級。同樣地，內容的排名、流量的提升也仰賴「經驗值」。讀者和客人的眼睛是雪亮的，乍看相似的內容，大家卻能從細節資訊感受到作者的真實經驗。

覺得內容乏味、不知道該從何改頭換面？加入經驗值可以讓內容直接升等。請你親自去體驗，加入專屬自己的看法、心得，你就是「自身主觀經驗」裡的專家。

■ 專家審改

很多內容的生成其實只是查了資料、整理他人觀點之後拼出，不具備太高的獨創性和權威度。但創作者這時候通常會有「幻覺」，會覺得：這些資訊已經整理得很完整了。還早呢！

加入專家審改，內容層次可以得到數倍的提升。比如「床墊」主題，普通程度的內容會像這樣：

> 「獨立筒彈簧彼此不會互相牽動，所以枕邊人翻身也不會
> 干擾，睡起來更符合人體工學……」

這些 Google 上都有了，不需要多你一個人去重複。經過專家審改的內容則是這樣的：

「醫學上講的脊椎正中姿勢（Neutral Position）有幾個判定方法……側面觀察時，耳朵、肩膀、髖關節、膝關節、踝關節在同一條直線上。支撐度不佳或是過硬的床都可能造成睡姿不良。」

「獨立筒因為材料是金屬而十分笨重，彈簧與不織布套袋間的摩擦也可能產生異音。如果濕氣進入空心處，也可能導致床體發霉。」

為重要購買決定做功課的時候，你覺得客人會更信任高度專業的資訊，還是小編等級的寫手文字？肯定是專家級資訊。經驗值、權威性、專業度，是 Google 評鑑內容品質與信任度的 3 大核心關鍵。

■ 了解搜尋者到底有什麼意圖

搜尋意圖意思就是：「讀者點擊到頁面上，他到底想做什麼？」

　　搜尋「床墊」的人想幹嘛：吸收產品知識？了解材質差異？都不是。在 Google 輸入「床墊」的絕大部分使用者都是要逛賣場、有消費意圖的人。你自己查看看關鍵字就知道了：滿滿的賣場。

　　但搜尋意圖可能會隨著時間變動、可能有趨勢性，這都是值得定期審視的。比如現在搜尋 iPhone 的人幾乎都想找最新一代的蘋果手機，但早在 2010 年，搜尋 iPhone 的人可能是想查初代 iPhone1 的規格，甚至比較其他品牌。既然搜尋意圖都會隨時間改變，內容沒根據意圖更新，當然是不行的。

■ 補充新內容

　　補新內容就像蓋大樓。我的 20 層樓超高，你要怎麼贏過我？你也蓋 20 層，再硬蓋第 21 層上去就贏了。增添新內容的價值就是補足知識缺口、增加內容含金量。

　　我整理的「關稅」知識，長期排名在維基百科、政府單位的網頁前面，得到巨大流量。但我隔年再研究的時候發現：有很多人搜尋「進口稅率表」，這是原版內容沒有提到的，於是我在本來的知識大全再補上「稅率表」專屬段落。補足知識缺口之後，就此憑空收穫上萬的曝光數和好幾千的自然流量。

■ 舊文新發

更新舊文、精進之後「再版」，是不管到哪裡都好用的創作技巧。

我發過一篇臉書貼文，主題是〈超快搞懂 SEO 搜尋原理〉，得到 52 個心情按讚、15 次分享。過半年後，我把內容精進改寫，再次發在臉書上。主題是〈Google 運作原理：小朋友也聽得懂的懶人包〉。主旨、架構、題材沒什麼變，但內文更新、增量了，最終得到 2,067 個心情讚數、1,296 次分享。改寫舊文、重新發布，這方法十分有效。

■ 超賺的內容技巧

「編修內容」是個很賺的技巧。許多創作者容易誤會：內容產量越高越好。其實不是的，「內容品質越高越好」才對。喜歡「以量取勝」的人常常發下豪願、衝刺數量：每月 50 篇文！但實際品質怎樣？不得而知。而且量太大，之後反而難管理。

真正高手「重質不重量」，他們會說：我花整個月時間打造「1 篇文」。不只這樣，後續還會投注精力、資源在編修、精進、打磨。新內容是站在「零」的基礎上從頭養起，而編修內容則是在原本建構好的高度再往上疊，效果當然是翻新更好、更輕鬆、更賺。

CHAPTER 4

真槍實彈、
實戰解決

「棋盤上的爭議，總是可以透過實戰解決。」

——圍棋規則，提證死活

　　破解搜尋引擎是件極為簡練、清晰的技能。凡是有爭議的地方，你都可以看數據、用排名去實證。關鍵字有沒有確實排上？有從搜尋引擎奪取到自然流量嗎？這些，你直接上網就能查證。

　　在圍棋裡，「實戰解決」的意思就是：不服？來下一局看看嘛！遇到任何爭議，不採用任何既定的判例、棋型圖例來拘束棋手，兩人直接在棋盤上定勝負。

　　排名成效也是這樣的。誰上了首頁、哪個頁面排進前 5名、前 3 名？直接實戰定勝負、一清二楚。客人「搜到你」跟「找你買」之間的差距是什麼？到底能賺多少錢？也都讓你知道。

　　這些資訊是我找遍市場上都沒看過的「實戰解析」公開資訊。不藏招、零保留，只有大量、真實發生在搜尋引擎上的案例。你學習到的知識夠強嗎？是感覺上「好像有效」、還是「確實能用」？透過以下內容，你可以看到真槍實彈的結果，確保自己學到的是紮紮實實的技術。

　　這裡要教的是實際有效、真實成功的 SEO 技能，不只是聽起來感覺加分、書上教你要這樣做的技能，而是你看完之後可以照著執行、確保有效，可重複驗證的知識。

30

讓「燕麥」關鍵字，
帶來超過 2,600% 的流量成長
—— 怎麼把燕麥和燕麥相關的關鍵字全部排到第 1 頁

你有沒有遇過這種情況：在 Google 上搜尋自家產品關鍵字的時候，競爭者總是排在很前面，而且還吸到好多自然流量與轉單，好想超過他，但又不知道該怎麼做？如果自己的電商官網也能這樣，把蒐集來的眾多流量導進購物車，是不是很棒呢？

我成功把「燕麥」、「燕麥吃法」、「燕麥熱量」、「燕麥推薦」……等全部排上 Google 第 1 頁，帶來超過 2,600% 的流量成長。背後的策略如下。

■ 發布一堆「燕麥文」

我在電商官網上發布了一系列的燕麥文章，累積超過好幾

萬字。這些文章裡面，100% 的內容都和燕麥、或者燕麥衍生的知識有直接相關。除此之外，我們不止自己產文，還組建團隊產出更多的「文章大綱」，交給客戶的內容團隊，讓他們可以根據這些寫好的文章架構，和我們共同合作、量產出更多內容。

■ 合理加上關鍵字

每篇文章我們都設定好「一個」關鍵字，而那個關鍵字在文章當中出現的次數，有好幾十次。但因為文章非常充實，篇幅接近上萬字，消除硬塞關鍵字的不良閱讀體驗。

「關鍵字」對於搜尋引擎判斷 SEO 排名表現來說是非常重要的訊號，透過這個方法，我們確保一個網頁裡面，目標關鍵字會有最多的出場次數，但同時又確保頁面的閱讀品質一樣好。

■ 排名訊號

當你在網頁上發布非常多和燕麥密切相關、卻又涵蓋各種相關主題的內容，那就可以大幅度地幫助搜尋引擎了解訊號，Google 就會知道：原來這個網站跟「燕麥」非常有關係。透過這個技巧，我們提升了網站的「主題權威性」。

■ 主題權威性

　　SEO 的操作中有個相當重要的概念叫做「主題權威性」（Topical Authority）[44]。它的意思就是：在某一個特定的主題裡面，你的「權威」是不是很高？

　　假設你是一個卡牌蒐集愛好者，比起世界上的頂級藏家，你可能贏不過他 1% 的收藏價值。但如果你的蒐集範圍剛好都集中在 2010 年、某一種屬性的寶可夢怪獸，那和任何一個世界頂尖高手比，你都會贏。這是因為你在「這個主題」有足夠集中的權威性，而 Google 演算法特別看重這種內容。當有人搜尋的寶可夢特別是在「2010 年版、電屬性」，那麼 Google 很可能會優先把專精領域的專家排名在最前面！當你集中火力，就有機會跟維基百科競爭。

　　「燕麥」是個很廣泛的關鍵字，在首頁上面還有維基百科、各大新聞網與醫療媒體官網。但是為什麼我們還能夠去競爭這個關鍵字呢？就是因為我們的策略是在「主題權威」上集中最大的火力輸出。

　　這些排在第 1 名的頁面，在各個領域上確實都超級專業，資訊也非常充分，但如果我們的範圍「只針對燕麥」，那麼在這個領域，我們就有機會稱王。不正面硬幹，而是集中火力單

44　https://support.google.com/drive/answer/6283888

點擊破，就是發布大量「燕麥」相關文章的主要用意。

■ 內容專業度

內容不應該隨便寫寫就交差，這可能只會浪費時間，換來非常差的表現。如果品質差到一個程度，例如找機器人大量產出沒有幫助的內容農場文，甚至還會導致品牌其他頁面的 SEO 表現一起被拖下水喔！

更好的做法是最大程度把關內容品質：請最熟悉產品的老闆來審閱文案、請品牌合作的營養師團隊給意見，甚至我們在寫內容的時候，直接招募營養師代筆。直接由專家本人撰文，最大程度確保資訊的價值與正確性。

■ 實際執行四步驟

1. 關鍵字研究

首先我們要找出和「燕麥」最有關係、又有一定需求的長尾關鍵字是哪些，這樣我們才能確保：所有的輸出都發揮最高效率。

我最推薦的工具是 Ahrefs，你可以透過 Google 查詢「Ahrefs Keyword Generator」，輸入目標關鍵字、選好地區，它就可以免費告訴你這個主題的熱門程度。我有付費訂閱過許多種專業

級的工具，在繁體中文的資料上，Ahrefs 比起其他的工具更加完備、好用。透過關鍵字研究，我們找到以下的字詞：「燕麥吃法」、「燕麥熱量」、「燕麥推薦」……。

2. 產出內容

　　針對每個關鍵字，我們就請專家特別寫出「只圍繞這個關鍵字」的精華文章。比如說主題是「燕麥吃法」，我們就徹底研究：燕麥搭配什麼最好吃？它有什麼烹飪方式？不煮可不可以直接吃？在討論「燕麥吃法」的主題裡，**不花費任何多餘的篇幅討論其他主題的事情**，確保資訊量多、含金量又夠高。

3. 搭建主題之間的層次關係

　　在這些關鍵字裡面，「燕麥」明顯是最廣泛、涵蓋範圍最大的主題，所以我們就把它放在「核心」位置，用超過一萬字的篇幅來打造這篇重量級的文章。至於其他的主題則精確很多，比起「燕麥」來說沒有這麼模糊，能創作的範圍也更加限縮。

　　相對於「燕麥」而言，其他主題就是「支柱」，負責用來強力提升核心文章的排名訊號。但我們每根支柱可都是很「粗壯」的，單篇也做到大約 3,000–5,000 字的規模。

4. 內部連結串接

　　內部連結的意思，就是指向同一個網站、不同頁面的文

章。內部連結對 SEO 來說是非常重要的排名依據，甚至可以說：比起網站架構而言，好的內部連結策略，可以「定義」出整個電商網站的實質結構。它的邏輯是這樣的：

- 核心主文＝燕麥
- 支柱文章＝燕麥ＸＸ
↳箭頭＝彼此「互串」的連結

用內部連結串接起「核心、支柱」的關係

燕麥
↳燕麥吃法
↳燕麥推薦
↳燕麥熱量
↳燕麥粒

用連結把這些頁面這樣連起來，就可以給 Google 很清楚的指示：燕麥是在最頂部的層級，而其他的頁面也和燕麥有密切相關。為什麼這樣做可以「定義」出網站的實質架構呢？我們可以算一下：每個頁面在這個布局上拿到多少連結──

↳箭頭＝彼此「互串」的連結

燕麥（4）

↳燕麥吃法（1）

↳燕麥推薦（1）

↳燕麥熱量（1）

↳燕麥粒（1）

從上面的計算我們可以知道：「燕麥」總共得到了 4 個連結，而其他「燕麥ＸＸ」系列則只有得到 1 個連結，但每個連結都是從「燕麥」這個頁面過來。這個策略就很清楚能讓 Google 知道：這系列內容都和燕麥有關係。對讀者而言，如果透過 Google 能查到資訊這麼豐富的網站，他其實也懶得去別頁找資料了！事後分析，讀者的平均停留時間都確實不差。

▌得到排名的好處

透過這個策略布局，我們在幾個月內的時間成功取得首頁、甚至第 1 名的關鍵字名次。這樣有什麼好處呢？

品牌的全站流量因此增加了超過 26 倍，把 419 個關鍵字排進 Google 第 1 頁，其中 34 個關鍵字在最難排的前 5 名，為官網帶來穩定、不用投廣告就會持續進入的自然流量。

31

用 SEO 賺到 1,263 萬的醫美診所

── 挖掘 SEO 紅海裡的藍海

　　2022 年，有個自稱是我「學生」的人，突然用臉書陌生訊息和我打招呼，但我想說：「哪招啊？我又沒在開課。」接著，對方又宣稱他「讀過我所有文章、是看我內容長大的。」還附上我一年多前的作品。在他堅持說明之下，我又看到更完整的資訊與截圖。

　　原來，這是一位規模不小的公司集團老闆，但遇到很多企業主都遭遇的慘事：廣告效益崩跌、臉書演算法震動、商用帳號被黑名單，甚至累積 10 多年的粉絲專頁，直接硬生生被連根摘除！這不只是禁止投廣告而已，是老牌上萬粉絲專頁直接「被消失」！

　　環境景氣、廣告績效、社群封鎖的種種悲劇接連發生，集團面臨巨大虧損的危機。原來老闆這次聯繫我，是為了感謝我

舉辦的 SEO 講座，說這對他當時緊繃的事業很有幫助。

　　巨大虧損的風險是非常可怕的，我也親身經歷過。你如果沒有經營公司，那景氣變差對旁觀的你來說，可能只是看到一家店準備要收掉。但如果你今天是負責收店的那個人，緊接著就要面臨房租水電要繳、員工薪水要發，更別說生財工具收掉，是要去哪再生錢出來？你瞬間從大眾眼中討人厭的資方老闆，**變成大眾眼中依然討人厭、卻又賺不到錢的弱老闆。**

　　所以，很多人寧願負債、甚至兼差，也撐著不願意倒店，但這樣又可能進入更惡性的循環，從虧損邁向破產。能不能迅速找到轉機，可以說是決定了這個事業，甚至是老闆個人的生死。

　　當你不投廣告，還剩多少流量？搜尋引擎帶來的流量，是就算你停止付費、不持續產出，它也會穩定進入的流量。如果品牌對於社群、粉絲頁的數位資產習以為常，並且大量依賴它付費流量所帶來的營收，那麼很可能在一場風雨襲來的時候，就像這樣瞬間面臨到嚴重的經營危機。

　　這位老闆也萬萬沒有想到，小心翼翼經營多年，大量「課金」的粉絲頁面，居然能這樣說刪就刪。事後來看，我應該可以很「地獄」地說：好險這是發生在他身上，有足夠的存底可以撐住，就算經營多年的臉書專頁被刪，竟還能找到轉身的餘裕。換成其他經營者，恐怕只有凶多吉少。

　　但 SEO 特別**重視數據分析和實戰**，只出一張嘴說「某某人

分享的內容策略幫了自己集團」,這種橋段大家都用很多,誰知道是不是場面話呢?

或許因為雙方都清楚這點,所以在揭露資訊的過程中,老闆緊接著展示了網站後台的報表。這時我就嚇到了,因為老闆竟然真的登入後台、開啟視訊同步,打開他的年度總表給我看!

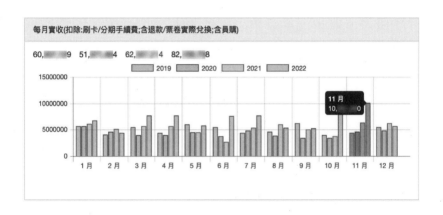

這位老闆不惜「亮底牌」想證明的,就是他真的透過我的內容,自學鑽研,成功把廣告費用降低 18%,卻逆勢帶來 63% 的營業額成長。這超過 6 成的營業額成長,代表的是上千萬的真金白銀。

真正問題來了:SEO 是怎麼發揮功用的?這可以套用在你身上的關鍵是什麼?答案是——「高品質內容的稀缺性」。

▌高品質內容的稀缺性

　　繁體中文的高品質內容很稀有。SEO 的核心不在於複雜的技術，而是高品質的內容。這是因為 Google 的宗旨在於：把最適合解決問題的內容呈現給搜尋的人。所以 SEO 的主角是內容創作者。

　　但首先，這個說法可能大家就不一定有共識，再來就是優質內容聽起來很「廢話」。大家都知道要做，卻不會把它放在「最優先」的位置，這就導致高品質內容實在太稀有、很容易脫穎而出。SEO 的排名是靠「比較」出來的，當市場上高水準的深度內容稀少，那麼我們只要稍微認真經營就有機會勝出，賺取大量的搜尋流量。

　　而在繁體中文裡，「優質內容」真的超稀缺，以至於幾乎任何產業，經營者只要比別人多花一些心思在內容上，SEO 的成功機率就非常高！

　　這個實例讓我超級驚訝的不只營收數字成長，而是在單店年收可破千萬的產業，它的內容關鍵字競爭度居然如此鬆軟。

　　這位老闆其實沒有完全照我的建議方針專注在打造內容，因為他自謙沒辦法寫出自己最滿意的作品。但透過認真經營「還 OK 的」文章，他的品牌成功拿下關鍵字：

- 台南醫美
- 台南隆乳
- 台南抽脂
- 台南柔滴
- ⋯⋯

　　全部排到第 1 名，完封攻頂。該品牌剛好又是當地知名的好店，因此收下大量的自然搜尋客源，就算在實體店面最不景氣、爭相倒店的年度當中，營收還逆勢上揚。

　　我怎麼能這麼有把握地分享給你？因為我親自當面問過老闆，他本人還上我臉書公開確認。

　　當然，你可以說他的產業不同，醫美品牌的客單價高達上百萬，水餃的客單價每一單頂多幾百塊，這是沒錯的。但連最競爭的高單價產業，都有辦法透過「經營內容」的方式突破重圍，何況是競爭者口袋沒那麼深的其他領域。

　　這說明：任何事業都能夠藉由認真的操作，透過 SEO 得到高品質的流量，並和廣告搭配、節省開銷。

　　這位老闆學完課程、把品牌做穩之後，並沒有繼續投身鑽研內容，而是直接開發出「AI 工具」，用更高維度的方式把 SEO 內容產製功能打造出來，結合成技術優化平台、搭載生成式人工智慧的架站方案。

　　這個平台也是我拿來〈用 100% 的 AI 文字把關鍵字排第 1 長達 1 年〉的排名環境 [45]。如果你對這個網站服務有興趣，可以透過我的推廣連結，申請免費 30 天試用：

https://bit.ly/SharingWebJKL

（利益揭露：如果你透過我的連結申請、使用 AI 建站服務，我會得到收益）

　　註：此營業額成長屬個案。正常沒有明確商業模式的網站，單純只透過 SEO 不會增加肉眼可見的營收。

45　https://support.google.com/drive/answer/6283888

32

我把搜尋量超過 27,000 次的「SEO」排上第 1 頁

── 我花了 11 個月，得到了大量曝光與流量

　　SEO 這個關鍵字真的是有夠難排名的，為什麼？看字詞就知道，很競爭嘛。它是我操作過的字詞裡面，最難的一個。注重 SEO 這個關鍵字的、會去經營它的，肯定都是「懂 SEO」的商家。

　　對一般讀者來說，SEO 可能只是個看起來還不錯的字眼。但實際上，它不只看起來厲害，也是真的厲害。它是許多網站出價投廣告，搜尋量超過 27,000 次的高競爭「大字」。

　　我把「關稅」、「虛擬貨幣」、「冷凍水餃」等關鍵字排到過首頁第 1 名，最多只花 4 個月時間。可是，SEO 和這些關鍵字完全不是同一個等級。這個字我排上首頁，花了超過 11 個月。接下來我想跟你分享，自己操作的詳細攻略，還有心路歷程。

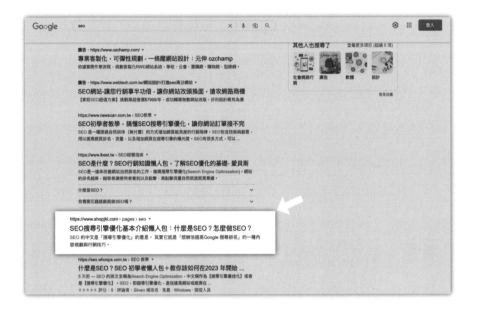

■ 排上首頁會怎樣？

這是個高流量的熱門關鍵字。排名上首頁之後，立即就能從後台看到大量的曝光與點擊，這些流量也夾帶高度的商業價值。

高流量也帶來不少商業洽詢。很多人會來詢問我們所提供的「SEO 服務」，甚至還有客戶主動幫我們「追排名」。因為客戶希望負責操作的顧問公司自己旗下網站也能表現不差，他看了也會比較放心。

還有同業。我已經被超過 4、5 個產業領域的老闆問過「把

SEO 排上首頁」的看法，這證明不只是我自己，其他同行也都相當在意它的排名表現。

說了不怕你知道，把 SEO 排上首頁的關鍵，我認為有 2 個最大因素：

1. 高品質內容
2. 建立反向連結

■ 排上首頁的祕訣 1：高品質內容

「優質內容」是 Google 的官方指南一再強調的重點。

我花了很多時間研究 SEO，所以我知道：能排在首頁的網站，都提供了完整、高深度知識的頁面。有的人是不斷發布大量文章，有的則是翻譯歐美最權威的專家知識，還有像是寫書一樣編排章節，或者直接打造對初學者特別友善的學習中心等等。他們的共通點就是「對品質的追求」。

這除了是 SEO 成功的必要條件，也是帶給讀者好印象的重點。像我就遇到不只一位行銷公司的老闆會主動和我討論這些頁面、問我的看法與評價。可以說，高手們對「拿下排名那個頁面」的內容品質，也是會關注的。

▋排上首頁的祕訣 2：建立反向連結

要取得「高競爭的關鍵字」排名，反向連結一定要建。所謂的「反向連結」就是「從他人的網站指向自家網站」的連結。

蠻多人以為追求排名時，「連結」不重要，這是錯誤的。「連結」是 Google 演算法核心的重要骨幹，它對排名有決定性影響。

提升排名確實有很多種面向，但是面對高難度的字詞，大家各方面都做到頂天了。如果缺了連結，就像在寫最難的考卷卻死不翻面作答，幾乎可以宣告失敗。

我們以 3 個月為單位，耐心研究各種能合理從其他網站取得連結的機會，包含養成專欄作家、異業合作、經營品牌吸引他人引用……，甚至還參加 Google 的國際會議在線上提問，最後總共從 26 個不同的網域取得 90 個反向連結。

簡單來說，這篇文章被其他網站用連結「引用」了多達 90次，連結的來源包含學校機構、媒體等權威網站。而排在搜尋引擎首頁的其他頁面，高品質反向連結數量也超多，甚至還有破百的。

▋省下技術面成本

你可能覺得：「這麼高難度的關鍵字、要達到這樣的成

果,一定花了不少錢找強大的工程團隊調校『技術』吧?」事實上,完全不用!

雖然我在產出內容上花費了大量的心思和時間,但創作內容本身並不花錢。我所使用的環境,還是「SHOPLINE 開店平台」,這根本不是設計來給內容創作者用的,而是給電商拿來賣貨、專門給客人結帳刷卡用的。

當初做這樣的選擇也有另一個重要目的:證明操作 SEO 不用花費大量的技術面成本。如果有心經營的話,即使去開設每個人都能輕易註冊的電商平台,也行。

■ 用內容建構網站的關聯性

通常,要將一篇含有熱門商業關鍵字的文章排上搜尋引擎首頁,刊登文章的網站本身也要具備一定的「關聯性」。例如排名「水餃推薦」的網站,自己最好就是專賣水餃的店家;想排「虛擬貨幣」這個關鍵字,平常就要經營和「幣圈」有關的內容。

搜尋引擎會用關聯性來判斷頁面適不適合排名。同樣的內容,如果刊登在已經長期經營、同主題的網站內,它的排名表現就會比剛開張沒多久、主題還不明確的新網站好很多。

所以,我們花費大量時間,持續產出和 SEO 密切相關的內容,核心系列文章總共分成 8 大章節,外加周邊的各式主題

頁面，總共超過 10 萬字，就是想從基礎慢慢建立起 Google 對網站關聯性的認識。

■ 以內容群集強力支撐

除了大量字數之外，我們也花時間編排主題之間的配置。它的邏輯說穿了，其實沒有很困難，就是從「核心的關鍵字」向外延伸，產製一連串超豐富的精華文章，用來「支撐」位於中心的關鍵字，再用內部連結把它們串接起來。「內容模型」是像這樣子的：

SEO（4）
↳反向連結（1）
↳關鍵字排名（1）
↳演算法（1）
↳GA（1）

透過這樣的結構我們就知道：「SEO 文章」蒐集到 4 個連結，分別來自演算法、關鍵字排名、演算法、GA×1，其他的各篇，則從 SEO 文章各得到 1 個連結。那麼 4＞1，Google 它就能很快判斷：「這一頁『吸到』更多連結，所以整個網站裡面，SEO（4）的價值比其他幾篇更重要。」

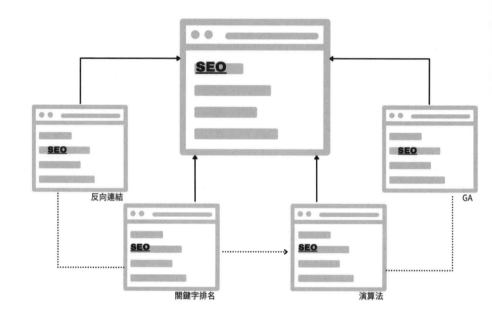

這樣的階層概念，這就是「內容群集」（content hub）的理念。

主題密切相關的群集，可以讓搜尋引擎在判斷 SEO 關鍵字的時候，一次「看到整個網站」的內容厚度。這些串聯的系列文章彼此互相加強，達到「眾星拱月」的效果。當讀者看到如此豐富的內容，自己也會認定這是很有幫助的實用知識。

■ 加倍的高品質內容

就算作為支撐的周邊文章，它們本身也很強。例如：「演算法」、「關鍵字」、「SEO 服務」，這幾篇文章我其實也都排到

首頁。等於說**拿來當支柱的文章，本身也具備頂尖的排名強度**，這大概就是我可以在眾多網站當中「突圍」的原因。

重要的是，你使用這招只會受到勤勞度的限制，但不會受到任何技術架構的制約，這是只要小編的技術、單純靠經營內容就能達成的。

■ 現在就開始執行

你看，這種如此耗工才能「解鎖」的成效，如果現在從頭開始，那至少就要等待整整 11 個月。我遇過很多客戶，在經營 SEO 之前都很想把自己的網站架構「調整」到很完美的境界，然後再來執行內容。最後拖了好久，卻一個字都沒產出，這就本末倒置了。技術只不過是「最低需求條件」，內容才是「主要且最佳的做法」。

既然 SEO 需要長時間累積才能達成，那就不適合一拖再拖。如果你已經明白 SEO 是你所需要的東西，**現在就該開始動手**，否則錯過寶貴的機會，可能就很難再挽回。

33

怎麼把火紅關鍵字「元宇宙」排到第 1 頁？

—— 實戰 4 步驟，教你照做也學得會

「元宇宙」是個流量居高不下的關鍵字，也是企業打造內容會想到的重要主題。但確實取得排名的有效技巧，你大概很難見到。依據多年的操作經驗，這邊告訴你我實際使用的祕密招數。你只要會整理資料、會用 Google，純靠寫字就可以達成。

我也是靠這些技巧，把「元宇宙」排名做到穩定前 5，只輸給維基百科，和偶爾竄出的時事新聞網站。

■ 1. 直接 Google，看第一頁「排名什麼」

「知己知彼，百戰不殆。」首先，我們要知道：搜尋「元宇宙」的人想看什麼？直接用 Google 查下去，看首頁就知道了。大概有 50% 是知識文章，50% 是比較破碎卻即時的新聞。

　　我們不是爭分奪秒的新聞記者，也沒有源源不絕的時事議題可以寫，所以，我在這裡就判斷：目標是剩下的 50%──透過「知識文章」來滿足搜尋需求。

　　分析「搜尋意圖」是最重要的第一步，就像是你下廣告前必須先了解你目標客戶的使用需求一樣。而讀者「搜尋」是為了要解決問題。

　　Google 官方說過：搜尋意圖是極其強大的排名訊號。你可以把它理解成：「使用者為什麼查這個關鍵字？」Ahrefs 也說過，如果你寫的內容和搜尋意圖不同，那關鍵字排上的可能性趨近於零。所以定位「搜尋意圖」超重要。

■ 2. 挑選「長尾關鍵字」

怎麼樣寫出一個知識充足的「元宇宙」內容？找出它的各種「長尾關鍵字」，並把它們加到內容裡。

你可以把長尾關鍵字看成「次要的」關鍵字。它的搜尋動機更明確，例如「元宇宙是什麼」、「元宇宙的應用」、「元宇宙與 NFT」⋯⋯都是和「元宇宙」主題密切相關的知識。

長尾關鍵字並不難找，它們其實就藏在 Google 搜尋頁面裡。你可以透過以下簡單的動作，直接看到官方演算法「洩漏」的長尾關鍵字線索：·

- 在搜尋引擎輸入關鍵字「元宇宙」，但先不要按下確認
- 輸入關鍵字過程中，搜尋欄位會展開一堆建議的「預測查詢字串」
- 查詢關鍵字之後，拉到 Google 的最底下看看，還有更多的「相關搜尋」
- 在 Google 頁面上，你也可以看到排名頂尖的其他頁面，了解對手都經營哪些主題

另外還有免費的「關鍵字工具」，能快速洞悉它們的流量數據。以下就是用分析工具 Ahrefs 所找到的這些關鍵字數據範例：

- 元宇宙應用（600）
- 元宇宙意思（4,300）
- 什麼是元宇宙（2,000）
- 元宇宙定義（200）

　　數字越高，代表每個月有越多人次在 Google 輸入這些關鍵字。

▌3. 建構內容大綱

　　找好適當關鍵字之後，我們就可以開始挑選、整理，把重要的主題串成邏輯明確的「大綱架構」。我推薦使用「心智圖」來幫助我們達成這個目標。

　　心智圖是一種圖像式思維輔助工具，圖的核心就是內容的主題，整個結構像是在畫一棵樹。核心主題是樹幹，其他的次要主題就是樹枝。次要關鍵字所延伸的內容，就像樹枝繼續延伸向外、生長出的茂密綠葉。

　　使用心智圖的優點是可以呈現清楚的主題層次關係：主幹（核心關鍵字）→樹枝（長尾關鍵字）→綠葉（內容），引導你做出更有邏輯和組織性的思考。完成架構之後，接著就是把主題涵蓋的所有內容清楚解答。

▋ 4. 高效率回答問題

這個技巧簡單來講，就是不要繞圈、別廢話。

比如說，如果這個段落要解答的問題是「NFT 是什麼」，那我會極力克制自己，盡量在下一秒的文字就緊接：「NFT 是……」絕對不會先來一大段什麼 NFT 的發展故事、或者近幾年的市場反應之類的「拖台錢」。

不要插入湊字數的故事，不要多餘的起承轉合，專注在高效率回答問題。盡可能追求每一段落都是「破題法」，不寫任何離題的內容，以確保文字有最高的含金量。

▋ 取得將近 700% 的流量成長

根據分析工具，這一篇文章除了「元宇宙」，更排名了超過 18 個高價值的長尾關鍵字在 Google 首頁，包含「元宇宙應用」、「元宇宙定義」等等。這篇文章同時也取得大量、免費的自然搜尋流量，估計高達 683.6% 以上的成長。除此之外，它也連帶把平常有在投放廣告的關鍵字一起提升排名。

我能確定這套招數會成功，是因為除了我自己操作之外，更著重公司內訓，以及和客戶的內容團隊對接。這正是為了確保這些招數不是偶然成功，也不只有我能用，而是其他人照著做也會生效。只要按照這套流程，花心思認真經營內容，那 SEO 的成功率是極高的。

34

把「冷凍水餃」排到 Google 第 1 名，而且長達 3 年！

──靠親身吃過的經驗，而不是操弄關鍵字的經驗

「冷凍水餃」是個消費意味很強的關鍵字，待在 Google 首頁上的不是賣場就是購買推薦頁。如果換算成關鍵字廣告每年至少有 12 萬價值，而我把這個關鍵字卡在第 1 名長達 3 年。它的詳細祕訣是這樣的：

■ 分析客人想看什麼

直接把想要的關鍵字丟到 Google 上查詢，就能分析讀者的搜尋動機。你透過 Google 可以看到它經過無數測試、演算後的最終結果。

假如：排在第一頁上，10 個結果裡面有 8 個結果都是「評比」。那麼我們就可以推測：搜尋「冷凍水餃」的大部分讀者都

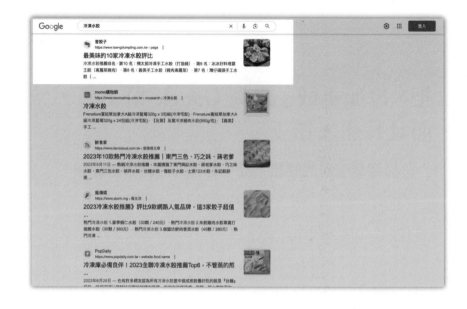

想看到評比、評鑑排行榜。大家想知道水餃有哪些好的品牌、哪個牌子最好吃。同樣的道理,「按摩椅墊」、「軟積木」等關鍵字也都有類似性質。

重點是針對目標關鍵字的研究。耐心地分析查詢結果、找出相同的規律,掌握了搜尋者的意圖,就能掌握好關鍵字的排名鑰匙。

■ 給我親自去吃水餃!

一旦確認讀者想知道「哪個牌子水餃最好吃」的意圖,首先最該做的就是親自試吃。想像一下:如果有個廚師請你試吃

他自稱最拿手的招牌菜，但他自己從來沒嚐過這道料理，卻一直說「保證世界最好吃」，這你信嗎？心裡肯定是不信的。

親身經驗帶來的資訊有很高的流量價值。客人想看、讀者想知道，而搜尋引擎上確實充滿大量的查詢需求。只是許多人在面對商品、推薦類型的關鍵字，都會對「實測」這件事感到抗拒，總想著：不然「先參考」網友評論好了、不然來「彙整」論壇意見就好了。但大家心中也明白，這些很可能是來自口碑操作的假心得，也是沒那麼值得信任的資訊，不是親身經歷的評價。

面對關鍵字排名，你最該做的是親身體驗，而偷懶是內容品質的大敵。

■ 讓經驗值為你背書

在品質評鑑標準裡面，「經驗值」是提升水準的關鍵。你的內容品質好不好，看作者是不是真的有經驗就知道了。

沒親身經歷卻大膽推薦給別人，這招已經退流行很久了。不能說它保證沒效，但這是屬於「很弱」的內容，是連你自己都不想信的內容，寫起來就很沒有成就感、在創作上也是有瑕疵的。

冷凍水餃其實並不是特別貴的東西，不值得你過度節省。如果你的目標是在高位的排名、是最有把握的排名策略，那麼經驗值必然不可少。

■ 有無經驗的品質落差

經驗也直接影響到文字品質。有吃過的人，內容會類似這樣：

「可以吃到整顆的干貝，不用沾醬就很有味道，高麗菜切得比較大塊，因此可以吃到菜的口感跟水分。由於內餡的味道濃郁，餃皮相對就沒吃出什麼海藻味。」

沒吃過的人，內容則像這樣：

「海鮮類水餃激推！天然多汁，嚐出滿滿鮮甜，尾韻還有多層次的蔬菜風味，論壇網友都說好吃，網友最佳推薦！」

並不是說第二種錯誤，但在「搜尋」、「評比」的語境，弄個吹捧廣告文出來就顯得很違和。相比起來，它就是屬於那種比較偷懶、比較沒那麼想讓人參考的版本，這在讀者的集體行動當中，差別是很明顯的。

面對特別競爭的關鍵字，或者你想要穩定排名好幾年，這種策略就很難有用。

■ 創造信任感的素材

當你實際親身經驗過，對於口味好不好吃就有足夠充沛的信心了。畢竟在你自己的主觀判斷裡面，哪家最好吃當然是你自己說了算。這時候，在內容當中揭露你的評比過程就能大幅提高信任感。

比如說你比較了幾家品牌？家裡有小朋友、需要格外注重食材的好壞或過敏原嗎？你也可以附上購買發票、放上自己用手機拍的照片。這些都不用精美的擺飾、不用費心修圖，本身就是親切感十足、很能讓人信任的素材。許多認真經營的部落客、影音創作者都是透過這樣的方式，慢慢建構起自己的知名度。

當我們有充足的資訊，再把內容產製出來就會順暢很多，因為不管你怎麼整理，這背後的資訊都是真材實料。相反地，如果一開始就抱持著偷懶、省略的心態，那麼就算耗費再多心力去「腦補」，都很難滿足經驗和信任的關鍵要素。

■ 讀者要的是資訊，不是吹捧

撰寫內容還有個重要技巧，就是盡可能站在讀者的立場。如果為了讀者著想，你會分析不同品牌之間的優缺點、會按照你實際知道的分享給他。如果為了自己著想，那可能就會整天吹捧自己的品牌，像到處塞廣告傳單的商家一樣。

搜尋引擎致力要做的，是把對讀者有利的內容往前排，所以長久有效的技巧，就是提供最大的利益給使用者[46]。

■ Google 怎知道你的內容好不好？

小心，在問這個問題的同時，就代表心態歪了。這問題背後所隱含的意義就是如果內容「不這麼到位」，Google 會知道嗎？

它不一定會知道，但搜尋引擎的目標是把最高水準的內容往前拉、沒到位的往後擺。所以如果存著這樣的心思，缺陷就是很難長久、容易被取代、只追求短效。

如果你對自己的「招牌菜」其實沒那麼熟悉，寫不出親身知識，如果你的資源有限，那麼再從滿分往下調整不遲。但如果你的目標是在競爭產業裡脫穎而出、是高排名高流量、是「調養」最好的排名體質，那麼不管 Google 是不是清楚知道，把內容做好、做滿總是不會吃虧的。

---

46 https://developers.google.com/search/docs/specialty/ecommerce/write-high-quality-reviews?hl=zh-tw

35

讓「床墊推薦」登上首位的 13 個 SEO 技巧

—— 介紹競爭對手、幾乎不打廣告的反常識策略

產品推薦有自己專屬的演算法，而「床墊推薦」是一個搜尋量超大，又是各大電商爭相競標的重點關鍵字，因為客人一生之中說不定就只會買這一次床墊。今天買了這家，明天就不可能再進來逛。

對 Google 來說，「產品推薦」大大影響了人們購物的決策與消費行為，這種關鍵字如果被行銷人濫用得太過嚴重，恐怕引起大量使用者的不滿，所以 Google 有特別針對產品評論設計的各種演算法：

- 「實用內容」系統演算法
- 「產品評論」系統演算法

　　我和團隊花費將近一年的時間，終於把這個頁面衝到了 Google 第 1 名，以下幾個技巧是我所堅持使用、和別人特別不一樣的優化技巧：

■ 1. 大方往外連結到競品的購買網頁

　　如果我們店裡最拿手的產品是豬肉水餃，難道我就不能推薦客人去隔壁攤試吃鮮蝦水餃嗎？經營實體店面或許不適合這樣做，但經營 SEO 肯定要。想從 Google 取得寶貴的搜尋流量，我們的頁面就得大方往外連，告訴搜尋者：除了我，還有這 19 家都很好吃！

■ 2. 實際使用過各種商品

這是一種不建議的優化做法：內容團隊裡沒有人躺過席夢思的床墊，可是小編，「麻煩你『幻想一下』躺上去的輕柔感，再幫我寫 200 字心得感想……」

推薦的優化做法則是：台北有兩家據點，我們下週安排一起去試躺吧！

我們團隊前後總共躺超過 50 張床，辦公室長期堆積超過 10 種不同材質與軟硬度的床墊，就連單張破百萬的海斯騰瑞典名床，我們也有特派試躺員到法國親自取材。

「經驗值」是構成網頁品質的重要評分項目，它指的是：內容創作者針對自己所寫的主題有沒有第一手經驗或真實體驗。有的話，Google 會傾向將這個頁面的品質分數打得很高。

■ 3. 不要吹捧自己

「吹捧文」是廣告、廣編素材常見的類型，但完全不適合用在搜尋情境下，當作讓 Google 提升 SEO 排名的答案。在 Google 輸入關鍵字的搜尋者，幾乎沒有人的目標是想要查詢到廣告文。

■ 4. 自己親自對產品做研究

Google 喜歡原創內容。兩篇條件相似的文章，其中一個只是在拼湊搜尋引擎上找得到的資料，另一個是獨一無二的內容，Google 總是會優先排名獨特性高的那一個。

✗ 主要成分：水、精鹽、蔥、豬肉、高麗菜（照搬產品成分說明）……

✓ 比一般水餃大了約 50％，沒有辦法一口直接吃下去，一般女生大概吃 8-10 顆就很飽了。

■ 5. 搭配親自拍攝的照片、影片，確保真實度

與其使用精心修圖打光過的產品沙龍照，我們產品所搭配的照片，都是請評測員拿自己手機拍攝的照片或錄影，有時候背景還有一堆雜物沒收好，但講求的就是「真實感」。

■ 6. 從使用者的角度評測產品

假設你今天是純使用者，你會刻意對某個產品讚不絕口嗎？幾乎是不會的！就算超好用，一般人最多最多大概只會說：「不錯喔，好用。」我們使用這個原則創作內容的過程中，

甚至還被品牌廠商特地聯繫說：「也太偏消費者立場了吧！」
但這就是我們的 SEO 策略。

✕ 獨家馬來西亞 100％天然乳膠床墊，用料實在，有夠
實惠。

○ 這張床墊的左下角和側邊都做了這樣子可以開拉鍊的檢
視孔，讓你看清裡面的用料（照片）。

▌7. 提供超多實用內容

我們寫出的內容單頁字數達到 14,874 字，甚至有次幫客戶
出付費分析報告的時候，還要把自己的頁面當例外排除掉，因
為比其他頁面字數高太多。

▌8. 除了綜合推薦排行榜，每張床墊還有獨立開箱文

為了優化「床墊推薦」關鍵字，我們大概又多寫了超過 13
篇獨立的「單品床墊開箱文」，也就是一個關鍵字的背後，有
10 多篇文章當支撐，後來寫到團隊成員叫我要節制一點，因為
預算爆太多了！

■ 9. 找不同領域的專家審核

優化內容過程中，我們找來物理治療師、懂得泡棉製程的研發者、手工製作床墊的匠師，問到我們自己都變成專家。

✘ 請小編經過幻想之後幫忙寫說：床墊如果太過堅硬，會對發育中的身體有不好的影響！

〇 根據某某物理治療師，醫學上講的脊椎自然姿勢（Nautral Position）有幾個判定的方法……

■ 10. 不放過細節，打破砂鍋問到底

在優化關鍵字的過程中，我們針對床墊知識做過以下這些事情：

• 翻閱超過 20 本專門發行給廠商看的「床墊專門月刊」。
• 用手繪畫出床墊解剖結構，問老闆有沒有畫錯，再請繪師素描上色當配圖。
• 叫老闆把床墊裡面材料的進貨單交出來。
• 問 A 床墊老闆的見解，再拿來挑戰 B 床墊老闆的意見。
• 點火燒床墊泡棉，測試防火焰延燒的安全性能。

■ 11. 不斷重複優化改版與更新

同一篇文案、同一個頁面，我們前後總共改版將近 20 次，平均每隔 1 到 2 個月就會把內容重新裝潢翻修。

■ 12. 不硬塞關鍵字

什麼是硬塞關鍵字？就是寫內容、優化關鍵字時這樣做：

好的**床墊推薦**，就是**床墊推薦**你不要挑太便宜的，在網路上查詢**床墊推薦**文章做好功課是很重要的，例如以下這篇**床墊推薦**文章，就彙整了所有你該知道的**床墊推薦**知識……

這樣很難讀、對排名又沒有效，很不推薦你這樣做。雖然我整份網頁有超過 14,000 字，但是目標字詞「床墊推薦」總共只出現了大約 6 次。

■ 13. 最後的最後，才考慮塞一點廣告

我們精心製作的內容裡面，幾乎不打廣告。我們長期專注在經營 SEO 內容，總是在最後的最後，有排名、有流量，甚至排名和流量都穩定之後，才考慮塞一點點廣告。

36

只靠部落格，
達到月破 8 萬收益的二寶媽
—— 部落客寫作技巧、收益行情、心法歷程大公開

「依武享生活」的依武媽在竹科工作近 10 年，是一位和大家有相同煩惱的上班族。但不一樣的是，自從 2020 年起，她開始經營部落格。憑著對寫作的熱情，她在 YouTube、抖音 TikTok 如日中天的時期走上寫作這條「賽道」。

起初，依武媽只是單純用文字記錄生活、寫寫遊記。但默默耕耘的旅遊網誌，竟已經累積超過 4 萬個關鍵字在 Google —— 46,757 個！這是 Ahrefs 分析工具給出的關鍵字排名數量。她靠部落格經營，達到超高流量和月破 8 萬以上的收益。更驚人的是，她還是位「二寶媽」。

我問她：「妳知道自己 SEO 很強嗎？」

「不知道。」依武媽說，她只是照著網路上的資訊慢慢學習。

曾經，她也想過放棄。忙碌的時候、小朋友吵鬧的時候，

還有不知道該寫什麼、寫了不知道有沒有用的時候。但寫作也讓緊繃的生活多一個避風港，暫時忘卻家中的紛擾，把文章寫好、按下送出鍵的那刻，也超有成就感。

依武媽說：「習慣之後，就樂在其中了。」

■ 掌握高流量字詞

根據 Ahrefs 分析，「依武享生活」有超過 14,429 個關鍵字在 Google「首頁」。就是你用 Google 查詢，能在第一頁上找到依武媽部落格的關鍵字。當中，有這些高流量的字詞：

- 桃園住宿
- 滴雞精
- 粉底液

這些除了流量大、更是商業重點字。甚至，她還把這些「商品推薦」字詞都「拿下」了：

- 除濕機推薦
- 乳液推薦
- 洗碗機推薦（2022 台灣年度 10 大關鍵字）

如果品牌雇用 SEO 專家排上這些關鍵字，每個月要花上萬至十萬不等（還不一定能上）。「旅遊」主題更是依武媽的「主場」：

- 逢甲夜市
- 小人國
- 劍湖山
- 鶯歌（第 1 名！）

還有「新竹老街」、「花園夜市」……這些站上首頁的關鍵字，多到不勝枚舉。

■ 靠自然流量，不靠推薦流量

剛開始經營的時候，部落格可沒這麼多人氣。沒有流量、沒有互動。你永遠不知道自己寫了這些到底有沒有人看、還能夠堅持更新到什麼時候。但依武媽 3 年來的默默耕耘，已經累積 500 多篇文章，每個月超過 120 萬的流量。

部落格文字的流量是「自然」的，它和社群的「推薦流量」不同。意思就是說，你只要把內容經營好，就能藉由搜尋引擎獲取別人查詢關鍵字進來的「被動」流量，這就是 SEO 的力量。

依武媽說，她沒有買廣告，反而光靠流量帶來的「廣告點擊」就佔了 4 成收益，更不用說還有商品分潤、業配等其他機

會。怎麼做？為什麼可以透過 SEO 成功？

▌深度內容

翻開「依武享生活」2020 年最早期的文章，她的食記就像普通記事。但如今，光是「逢甲夜市」的文章「目錄」都比你常看的文章還長，總共 1,113 個字。

對，你沒看錯，只是「目錄」的字數而已。文章的主標題、還有各個段落的中小標題，加起來就上千字。依武媽說，只要是她感興趣的主題，就會一直不斷寫下去、寫到滿意為止。

▌長文只鎖定一個關鍵字

依武媽的長文只鎖定「一個」目標關鍵字。「妖怪村」就整篇專心介紹妖怪村，「內灣老街」就只介紹「內灣老街」。只有豐富的內容，不岔題、不亂塞其他字。

▌大量配圖

「原創圖片」對於閱讀體驗和流量取得，有相當大的加分作用。比如在「內灣老街」[47] 遊記當中，依武媽總共用了超過

47　https://yiwu.com.tw/neiwan-old-street/

123 張圖片。其實，依武媽就是用「網誌」的方式記錄著家庭成長的點滴，同時也讓讀者彷彿真的從頭到尾遊玩了一遍。

■ 深度「內容群」

逢甲夜市是台灣極有代表性的地點。夜市不只有美食，還乘載了台灣的飲食文化、歷史歲月，確實很難三言兩語就交代完畢。而依武媽用了超過 12,000 字的篇幅，深度介紹她推薦的美食、攤位。

這還只是其中一篇文。如果你「延伸閱讀」，文末還有台中民宿、東海夜市、北中南景點……同等級的「內容群」。

■ 流量沒有天花板

對依武媽而言，這還不足以停下腳步。在她眼中，還有好多關鍵字沒排上呢。國內旅遊寫完，還有國外旅遊，旅遊寫過了，還可以寫生活、投資理財……有超多文章，都是近兩個月更新的。

關鍵字永遠寫不滿，流量永遠不嫌多。搜尋引擎的排名訊號會因為累積一則又一則的深度內容，把網站變得越來越「權威」。真正的部落客，是沒有在跟你「寫完」的。

■ 廣告與業配

　　依武媽說：只要你認真經營，靠部落格每個月收入 8 萬以上不是問題。光靠寫網誌，就賺超過一般上班族的薪水。這個原理是什麼？這是因為當你的網站有了固定流量之後，最簡易的變現方法就是在網站裡面放廣告。只要到訪的客戶點擊你的廣告連結、和廣告商的頁面進行互動，你就可以獲取些微收益，這也是為什麼你在很多新聞媒體的官網會常常看到廣告的原因。流量越大的網站累積起來的被動利潤就越高，全職家庭主婦也可能賺到超過上班族主管的收益。

■ 剛起步的挑戰

　　別光看現在豐碩的果實，在剛起步的時候，依武媽的部落格長達半年都沒什麼流量。而身為需要養育家中二寶、不時還要「一打二」的媽媽，她說：「真的好忙！」

　　面對整整 6 個月、180 天的平靜，你能堅持產出、堅持寫作嗎？是要放棄，還是「好忙，沒時間寫」呢？能堅持住的話，收穫就是你的。

　　依武媽說：網路不缺內容，但缺「好的內容」。鼓勵所有想當創作者，或正在創作之路的同好們繼續堅持，讓產業一天比一天好。

37

親自實測，
把高單價的按摩椅排上第 1 名

—— 內容品質不要比爛，要找最頂尖的專家看齊

　　按摩椅是每件好幾萬，單價高、毛利也高的產品。相關品牌往往有很高的廣告預算可以找明星代言人、打鋪天蓋地的廣告。這種高單價的用品不像吃水餃，沒辦法一看到廣告、感到心動手癢了就下單，要是買錯可就完蛋了，往往變成超級佔位、又捨不得丟的「昂貴衣架」。

　　大家就算看完廣告，肯定也要一直找資料、不斷交叉評估才會下決策。這時候，關鍵字在這裡就扮演了極重要的消費決策角色。弄清楚搜尋者想找的資訊，解答消費者的疑問，背後就省下每月好幾萬的價值。

▌ 親自實測

　　賣按摩椅的廠商都知道，沒試過就直接買是不太可能的，所以商場都會讓你試坐。你必須親自實測、切勿偷懶。注意了，有些創作者在這時候會找盡各種理由不去試用，比如：翻找論壇、抓 Google 評價改寫。反正就是不想親自上場，卻想輕易就拿下別人苦心經營的高競爭度關鍵字。

　　別鬧了，這樣對排名是很不利的。就算幸運卡位排上，那也只是靠運氣而已。這不是個科學、可驗證、符合準則的做法。它本質上就更像是個「假」評測，只是淪於「鍵盤」評測。

▌ 留下試用與記錄的證據

　　照片、影像這些能讓讀者明確知道你有去實測的證據，是 Google 判斷排名時看重的要素。到現場時，請你拍下按摩椅的試用照片、記錄現場環境、呈現座椅的樣貌、組件的外觀、現場看到的顏色細節。

　　這些都是對讀者很有幫助的產品資訊，也是能在無形當中支持你評論、觀點的重要證明。

■ 注重讀者

你的內容受眾都是來自搜尋引擎的人，他們查詢關鍵字，是想了解這些資訊：

- 貼不貼合身型？
- 力道夠不夠紮實？
- 按摩椅坐起來舒不舒服？

這時候，你對產品的意見對讀者特別重要。你在決定買東西之前，會在意網紅的意見，你也會好奇身邊朋友、親人的體驗心得。因為這些是最能讓你信任的資訊，也和你最切身相關。但看影片途中硬置入的廣告、品牌的業務嘴，就算誇得再棒，你最多就是稍微參考。

關鍵字排名也是同樣道理。你的個人意見、對產品的真實看法，才是能帶來價值給讀者的資訊。請重視讀者，在內容上盡可能把這些資訊寫深入、寫詳細。

■ 原創內容

原創內容能提升排名表現、提升讀者的信任感。

要怎樣確保能寫出獨特內容？當你親自去試用、忠實寫出

對產品的評論，它就是獨一無二、連 AI 都無法取代的內容。有過實際經驗，你就不會寫出那種誇讚式、一成不變的廣告式內容。富含真實經驗的字句差別很明顯，像這樣：

- 它有前滑功能，所以貼著牆擺放也只要留 5 公分空隙就能躺平。
- 背部的滾輪推出幅度較大，身形比較嬌小的人容易整個背部被往前推，要注意。
- 第一次坐進按摩椅時它會自動偵測身形、調整位置，腳靠也會自動調整角度，所以能感受到身體被完整包覆。

有了原創經驗，寫出來的文字就會深入，就能吸引在觀望的讀者興趣，整份內容也就能成為實用又有參考價值的評測指南。

▋ 產品連結

不管是你自己想推銷、販賣的產品，或者是其他眾多品牌的商品，你都應該要放連結。列出各家商品、大方往外連，才能最大程度幫讀者做出購買決策。如果你只重視自己，不列出各家產品方便讀者選購，那反而達不到有效的目的。

不列出各家產品、只推銷自己，乍看之下讀者只剩「專心聽你說」一個途徑。但問題是，你從一開始就掛不上排名，那

也根本就不會有讀者了。而且大家搜尋時如果看到很不實用的內容、不符合搜尋意圖的頁面，就會直接離開。

■ 排上頁面第 1 名需要花費的心力

把頁面成功排進第 1 名，你知道總共花費了哪些心力嗎？

總共耗時 150 個小時研究、實測，試躺數量超過 17 座。除此之外，內容還加上現職物理治療師、運動按摩師、中醫師等專業人員參與。經手任務的夥伴們研究到簡直都變成按摩椅專家了。

但你想一下：那些用心的部落客、開箱各種科技產品的YouTuber 創作者們，不也都是這樣嗎？

■ 效法歐美內容經營者

Google 是哪裡的公司？歐美的。關鍵字競爭最激烈的地方是哪個市場？歐美。當你要追求有效，你的目標就要看向冠軍中的冠軍：歐美的頂尖內容。

「求上得中，求中得下」。當你的目標設在：「可是別人簡單寫，效果也還可以」，往往會得到很難滿意的結果。請把搜尋引擎切成英文，你就能看到全球第一高手都是怎麼經營的。

搜尋「best massage chair」，你會看到《紐約時報》這種創

作者。他們為了評測，特別準備空房間，同時搬進 5、6 張按摩椅，找上班族拿著筆電，實際坐在裡面辦公。他們連年測試最新的機種、找來身高體重各不相同的多名人士綜合評分。

　　我是怎麼知道這些的？它在網頁上自己就有揭露，並且拍照秀證據給你看。這就是內容創作的精神。

　　你想追求極致、想透過內容行銷得到好績效，就不能隨便將就。比起頂尖水準的內容，多跑幾個賣場實測，其實根本就沒什麼好大驚小怪的。

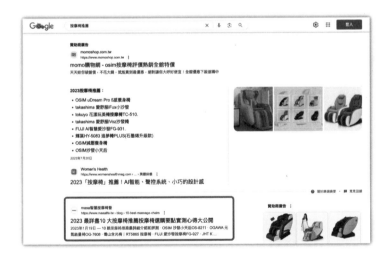

　　本書截稿時，「按摩椅推薦」的排名位置經過半年以上時間，仍排在搜尋引擎第 2 名。

　　（本案例經 masa 智慧按摩椅墊授權分享。）

38

找對適合埋設的地方，
讓「熱戀期」躍上第 1 名
──11 個適合塞入關鍵字的精確要點

關鍵字其實要「完全不塞」才對。只要嚴格讓內容集中火力、死死鎖在「一個」主題上，成品就會自然而然提到關鍵字。不信的話，本篇第 7 點會證明。

但搜尋引擎畢竟是機器，還是有一定的規律可循，所以「如何埋設關鍵字」也是眾多創作者在經營內容的熱門問題。

以下就是最適合置入關鍵字的 11 個精確要點：1. 標題，2. 前 100 字，3. 連結文字，4.H1 標題，5. 段落標題，6. 內容本體，7. 相關同義字，8. 網址，9. 描述語，10. 替代文字，11. 圖片檔案。

▌1. 標題（重要性：極重要）

標題是各種文案最首要的地方，也是讀者見到內容的「最初印象」。你去看 Google 的搜尋畫面，標題上的藍色字幾乎都是「最大顆」的吧？

超測驗
https://superquiz.do › loving

「我今天，又愛你了」維持十年熱戀期的9個保鮮秘訣

2021年9月3日 — 熱戀期是愛情五個階段裡最初的時期"the merge"。 在這個時期，愛侶之間的認識還不是非常深，浪漫的氣息填滿了整段關係。 這樣的喜悅 ...

因為對讀者來說，標題可以有效幫助判斷：這是不是自己想找的、現在要不要點進去閱讀。

搜尋引擎也是這樣認定標題的重要性。所以，標題一定要包含關鍵字，它能讓讀者在點進去前就知道，這個就是自己要找的頁面。

▌2. 開頭前 100 字（重要性：極重要）

這是最多人忽略要放關鍵字的地方。但請記得：內文的「一開始」，就要放上關鍵字。如果你的內容沒有切中要點，讀者明明查詢「咖啡機」，卻看到「包水餃」的內容，他會毫不

猶豫地離開你的網站，拜訪其他人的內容。

很多人寫作不切題，喜歡在開頭講一些很「繞」的、跟主題無關的小故事或心情，其實這樣容易讓讀者失去耐心，直接認定這「不是」他們所要找的資料。

Google 的演算法顯示：大多數讀者希望立即看到想找的答案，查詢資料時並不喜歡拐彎抹角的內容。在開頭 100 字之內確實加進關鍵字，可以確保內容能迅速切中要點、帶給搜尋者更高的價值。

▌ 3. 連結文字（重要性：極重要）

搜尋引擎相當依賴「連結」來認識網頁，它判斷網頁內容的重要依據之一，就包含了「連結上面的文字」（Anchor Text）。

如果有個連結上面文字是「熱戀期」，讀者點擊這個連結之後又可以通往「熱戀期」文章，那 Google 就會判定：這篇文章和熱戀期有很高的關聯性。這也很合理，對吧？其實這就是「連結優化」的核心概念。

想排好一個關鍵字，讓 Google 知道你的頁面和這個關鍵字很有關係，就記得要在不同的頁面上安插好連結，讓別的頁面也能導流量進來，其中的重點是：連結上要埋好你想排的關鍵字。

▌ 4. H1 標題（重要性：次重要）

<h1> 通常就代表「點進網頁裡所看到的文章標題」，它跟第 1 點「網頁標題」幾乎是一樣的東西。所以既然標題要有關鍵字，那自然網頁標題的 <h1> 也要設好關鍵字。

▌ 5. H2、H3 段落標題（重要性：次重要）

<h2>、<h3> 代表「段落的標題」，也就是文章不同段落的專屬標題。<h2> 是最大的段落標題、<h3> 則是下一層、小一點的標題，還有 <h4>、<h5>……等等，依此類推。內容本體最

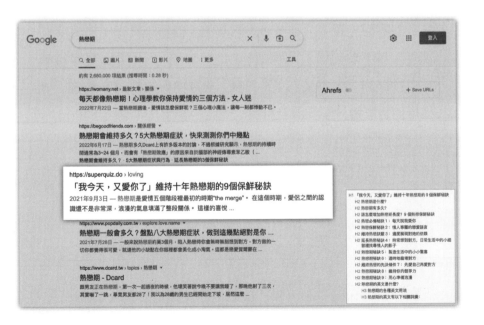

好要「切中主題」，那文章當中的不同段落，當然也要符合主題，所以段落的標題也要適時包含關鍵字。

我在〈熱戀期〉文章當中，總共安排了 13 個 <h2> 標題，每個段落標題上面都有安插關鍵字。

■ 6. 內容本體（重要性：重要）

還記得我們前面已經布置好了標題，還有各個段落標題上的關鍵字了嗎？這時候你會發現：文章的大綱架構其實都已經差不多出來了！接下來的內容只要按照脈絡好好創作，不要離題離得太誇張，就會很自然地帶到關鍵字，而這也是我所採用的方法。

內容的本體要「自然而不刻意地」提到關鍵字。這邊要留意：千萬不要硬塞！「關鍵字」是用來讓「好內容」更容易被讀者搜尋到，而不是為了「多塞」關鍵字而犧牲內容品質，這樣反而會影響效果，而且會讓人覺得內容水準不到位。

我的文字中，整整有 9 大段落內文完全沒有提到「熱戀」，因為我的目標是要好好切中主題，讓內容本體盡可能完全符合這個字詞，但不是讓關鍵字充滿內容，讓人讀了覺得不通順、不自然。

維持熱戀訣竅 3：適度展現對她的依賴

不害怕示弱，偶爾依賴撒嬌也可以是勇敢的象徵。

男人也會有需要討拍、撒嬌的一面，只是在社會化框架的重重約束之下，不得不武裝自己避免「示弱」，有的人壓力累積久了，變成以負面的形式宣洩，反而更不健康。

如果在最愛的人面前能不吝展現自己最脆弱的一面，不也代表著更深厚的信任？

延長熱戀秘訣 4：時常想到對方，日常生活中的小細節裡找尋情人的影子

不論是公園上的長椅、電視劇裡的對白、或是出遊拍照的場景，只要想到對方，那就大方的告訴她吧。

比起單純的「我想你」，「剛剛在學校路上，我想到五年前第一次牽手的散步」更能讓她感受到滿滿的思念與情意。

▌7. 相關同義字（重要性：重要）

　　什麼是同義字？就是和關鍵字「意思相同」、但是「用字不同」的詞彙。

　　搜尋引擎已經懂得廣泛運用「語意判斷」、「人工智慧」來辨別你的內容和關鍵字之間的關係。真正能幫到讀者的文章，是自然提到同義字的網頁。

　　如果你的內文裡面全部塞滿「狗狗狗狗狗狗狗狗……」，那就只會是篇沒料的雜訊而已，這篇內容的本質其實也和「狗狗」毫無關聯性。但如果文章提到「寵物」、「肉罐頭」、「拉布拉多」、「汪星人」……這些和「狗狗」有明顯關係的字詞，就會很有效地讓 Google 知道：這內容的本質確實和「狗狗」有密切關係。

我這篇關於愛情的文章也有個隱藏關鍵字:「剛在一起的情侶」排在前 5 名,它很多人搜尋,但文章裡面有提到幾次這個關鍵字呢?零次。沒錯,這個關鍵字連一次都沒有登場!但是 Google 卻可以有效地辨別這篇文和〈剛在一起的情侶〉有關係(不信你可以搜搜看)。

你的內容,應該要自然地包含關鍵字的「各種同義字」,幫助搜尋引擎判斷它的關聯性。

■ 8. 網址 URL(重要性:微重要)

在網址上頭包含關鍵字,是一個極輕微的排名訊號,你可以看心情決定要不要加入它。Google 的建議是:網址應該要對讀者友善,不該以「SEO 目的」為優先。

在不影響讀者的前提下,在網址上針對關鍵字優化,我覺得是一種對細節的講究,但是沒放也沒關係,比起內容本體的重要性,網址上有沒有關鍵字其實是可以被忽略的。

■ 9. 描述語(重要性:微重要)

「描述語」(meta description)在 SEO 的具體作用,是反映在「搜尋結果頁面」當中,各自的結果所搭配的「淡灰色字體摘要」。

不符合一般人直覺的是，「描述語」本身對排名沒有任何影響，而且 Google 還會自己改寫大部分的描述語，所以沒什麼太需要雕琢的價值。

■ 10. 圖片替代文字（重要性：微重要）

圖片的替代文字，顧名思義是用來「替代圖片用的字詞」。比如說網路太慢、圖片讀不出來，就可以先顯示替代文字，又或者是視覺障礙的使用者上網時，輔助軟體可以用語音讀出替代文字，讓他了解這張圖片是什麼。

如果你在圖片裡面加了連結、讓讀者點按圖片能通向別的頁面，那麼圖片的「替代文字」就會是它的「連結文字」。

如果你不想放過任何可以加強關鍵字的地方，那麼網頁圖片的「替代文字」就是值得你注意的設定。

■ 11. 圖片檔案名稱（重要性：不太重要）

檔案名稱也可以幫助 Google 判斷圖片的主題，但一般來說它被提到的頻率不高。如果你想超級追求細節、一個都不願放過，那麼也把關鍵字放進圖片檔案名稱上吧。

■ 12. 關鍵字標籤（重要性：無效）

Google 早在 2009 年就宣布不使用「關鍵字標籤」，這個東西就是一個名字包含「關鍵字」（keywords-meta-tag）的欄位，讓你用來填寫字詞的格子。

這個東西完全沒作用。但網站卻都有這樣約定俗成的設計，所以開發工程師也不能不放上來，這導致每個看過的人都會覺得「該來填一下」，實際上只是心理作用而已。我自己是能不填就不填。它像確定不考的科目，多瞄一眼課本都是吃虧。

	關鍵字出現位置	重要性
1.	標題（Title Tag）	★★★★★
2.	開頭前 100 字	★★★★★
3.	連結文字（Anchor Text）	★★★★★
4.	<h1> 標題	★★★★☆
5.	段落標題（Headings）	★★★★☆
6.	內容本體（Main Content）	★★★☆☆
7.	相關同義字	★★★☆☆
8.	網址 URL	★☆☆☆☆
9.	描述語（Meta Description）	☆
10.	圖片替代文字（Alt Text）	☆
11.	圖片檔案名稱	☆
12.	關鍵字標籤（Keywords Meta Tag）	✕

39

寫醫療領域的文章，
還能贏過醫師的方法
── 善用醫生自己的專業，打造堅強權威性與信任感

　　我接過一個印象很深刻的關鍵字案件，客戶有強大的醫師團隊負責內容的審核。有一天，對方突然問我：「有你來當顧問，跟我們團隊自己做的內容，有什麼區別？」

　　雖然這個問題很正常，卻開啟我對排名與流量的「戰鬥模式」。

　　這問題用另一種角度看，其實就是問說：「有你來服務，差別到底在哪？」這代表，我沒有讓你看到差別嘛！當然，客戶是沒惡意的，但也確實不熟悉內容行銷的策略，所以要用更明顯的對照顯示差別。

　　10 週後答案揭曉：差別是「壓倒性的」。我們的 9 篇文章在前 10 名裡面包辦 7 名，連「首頁」都只能屈居後段班，而且上榜關鍵字都是競爭最激烈的字詞。我們一舉就把所有目標關

鍵字全部攻頂，流量成長超過 1,000％，其他的衛教文表現就算全部加總，都比不上其中一篇的流量。

Organic traffic

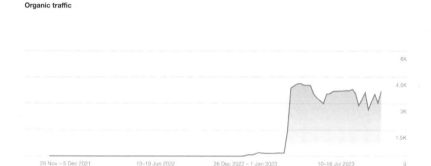

用專業背景融合關鍵字技巧

　　成功方法是這樣的：你必須要先有專家來寫文。由權威專家負責內容，那麼再搭配專攻排名的內容技巧就可以了。

　　醫師們不管是在學術與專業領域，都是值得敬重的身分。牽涉健康方面的知識，也應該只由專家來負責。把這些專業度極高的權威內容，再融入排名的技巧，就有機會勝過 Google 絕大部分的網頁。

　　醫師們的專業肯定不在話下，只是他們不一定有時間研究這些關鍵字技巧：

- 主題：專家不一定知道目標關鍵字要設定幾個（只瞄準
  一個）。
- 字數：專家不一定知道每個網頁該寫幾個字（把主題寫
  到最滿）。
- 呈現：如果沒留意，作者不一定會知道整篇文字用手機
  螢幕閱讀時，排版會被壓得超級窄 [48]。

　　但真正的重點其實還是「專業、權威的知識」。所以，文章要寫贏醫師的祕訣，其實是靠醫師自己的內容，再融合關鍵字排名技巧。

▋ 排名封印術

　　不同領域的關鍵字之間是有巨大差異的，甚至特定主題的關鍵字有極嚴格的排名門檻。只要你的品質不是頂尖水準，那麼關鍵字必定排不上去，比如醫療領域。凡是牽涉醫藥保健的相關知識，Google 幾乎只給醫院、政府機關排在首頁，封印你的排名。

　　Google 怎麼判斷？檢驗的門檻有 4 大標準：經驗、專業、權威、信任。這被稱為 E-E-A-T，分別是每個項目的英文字母

---

48 https://support.google.com/drive/answer/6283888

開頭。

- 經驗值（Experience）：你有沒有第一手經驗？例如：針對療程、用藥，你是真的自己經歷過？還是只總結他人心得？

- 專業度（Expertise）：你是不是領域專家？比如：撰寫醫療知識的作者是有多年經驗的專科醫師，還是行銷實習小編？

- 權威性（Authoritativeness）：你是不是公認的專家？資訊刊登的「網站」和「作者」是不是被大眾認可、值得信賴的來源？

- 信任感（Trust）：你是否讓人願意相信你說的話？

「信任」是 E-E-A-T 家族裡最首重的項目。評分員被要求充分評估網頁的精確、誠實、安全和可靠程度，而且相較於經驗、專業、權威，信任的重要程度是最高的一個。只要網站本身不可信，那麼不管作者有多專業、經驗多豐富、權威性多強都是沒用的。不可信的網頁必須給予低品質的評價。

搜尋引擎用這 4 大標準，把許多關鍵字的命運用演算法

「寫死了」。如果你是中小企業、素人作者就無法解封，有些字詞你永遠排不上首頁。

▋地獄級難度的關鍵字領域

針對「要錢要命」的領域，關鍵字強調最高品質。這領域叫做 YMYL，是 Your Money Your Life（要錢還是要命）的第一個字母。這是因為不論從商業利益或社會安全的角度來看，Google 不能接受讀者因為搜尋引擎受傷害。

比如害你查錯疾病的治療方式，被誤導去施用錯誤、傷身的替代療法。又比如搜尋糟糕的投資策略，將辛苦存到的積蓄投入詐騙網站。欸！這是很可怕的，弄不好會造成財產損失，甚至生命安全也會受到威脅，要是出事，Google 可能會被政府告到死。

所以一旦被歸類到金融、牽涉健康安全的字詞，排名難度就是「地獄級」，沒在開玩笑的。你必須達到「最頂的」E-E-A-T 水準，才有資格參戰。

▋評分員如何判斷文字品質

很多人問：Google 怎麼會知道 E-E-A-T 水準、怎麼精準判斷品質訊號？它不一定真知道，但 Google 有各種招式能「猜

到」，其中一個超強技能就是「外包」。Google 在世界各地瘋狂雇用 16,000 個品質評分員，分別負責研究不同語言、不同地區的網頁。

評分員在上工之前，必須通過一系列的培訓和考試，啟用「工人智慧」。準則就是 Google 已經公開、但藏得很深的一本電子檔案，叫做《搜尋品質評分員指南》。整份厚達 177 頁的英文檔，詳盡記載每種型態的頁面要如何給定適當的評價。評分員則要根據厚厚的指南，幫不同頁面打分數：

最糟品質→低劣品質→普通→高品質→最佳品質

每種頁面都會被評分員記上不同的品質評等。當 Google 的工程師們想要改善演算法之前，系統會呈現 2 種結果來交互對照。改動前的結果 A 和改動後的結果 B，兩種肯定有一個更好。怎麼決定？

如果 B 方案呈現的都是「最佳品質」的頁面，而 A 方案出現的網頁都被打上「低劣品質」，那就代表改動後的新演算法機制值得採用。如果沒有進步，那工程師就要回去再改，直到完善。

雖然 Google 不能親自「看到」你的頁面品質，但是它找的評分員都是人類、都看得到，所以演算法也會隨著時間「無限逼近」到只獎勵品質最好的網站。久而久之，就只剩下最頂尖

的內容才有機會登頂。如果你要追求極致的排名，你就得注重 E-E-A-T。

牽涉「生命財產」類型的關鍵字，E-E-A-T 的品質評鑑標準格外重要。但其實這個標準不只在「要錢要命」的領域有效，每一個關鍵字都受到 E-E-A-T 訊號的影響，只是嚴格程度不同而已。

這意思就是說：沒有過分追求品質的問題。你追求品質只會加分、不會扣分。當經驗、專業、權威、信任全部都到達頂尖的時候，關鍵字和流量就會進入頂尖。

▋ 寫贏醫師的祕訣

只要牽涉醫事、金融領域的內容，一定要由該領域的專家來審核。必須要是執業醫師、具備證照的人員親自撰寫，或者為內容的正確性背書。這樣，再加上關鍵字排名的技巧、調整排版的呈現，就能寫贏頭腦頂尖的專家們。

40

用生成式 AI 讓關鍵字居首長達 1 年，得到 556.73%流量成長！

── 實戰驗證！登頂站穩 12 個月的 SEO 機密解析

我用以下方法，成功以古早的 GPT-3 語言模型，把以下這些高流量關鍵字全排上 Google 首頁長達 1 年，並讓官網流量成長高達 556.73%：

- cy
- cfs
- 麥頭
- 打棧板
- 到貨通知

我利用 100% 的 AI 生成工具達到巔峰，首先花最多精力做的事是「選題」。

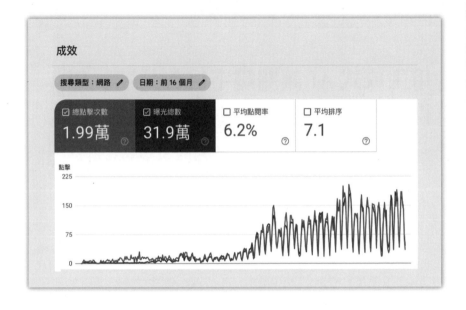

　　大家一想到「AI 產文」的直覺就是直接上場，直接邊開 AI 邊想著：該用什麼字句，才能讓 AI 吐出最好的結果？但是，想達到非凡的效果，就絕不能用平凡、直覺、大家都能想到的方法。AI 只能是你的工具，不能是你的替代品。

　　讓 AI 發揮最高效能的做法，是人的智慧先上場。你得先大量用「人的智慧」構思，才能引進大量「人工智慧」。

■ 大量產文的選題

　　第一步，是選出可以大量產文的「冷知識」主題。冷知識

就是那些你懂很多、路人卻幾乎不討論的話題。例如「國際貿易」這個主題我會，它牽涉貨櫃追蹤、海運文件、貨物包裝……等深度知識。這些東西又繁雜又難念，各種詞彙湊一湊，隨便都可以拉出 30、50 篇文章。

你一定也有那些比路人懂很多的知識。想辦法找出這種能吸引到企業級客戶、又不會有路人隨便用網誌創作的內容，就格外適合 AI。當你把這類知識缺口補上，Google 在沒有其他內容可以排名的情況，就只好把你擺第一。類似的領域還包含 ESG、碳權交易、SRF 環保規範……都有異曲同工之妙。

重點：你要先大量使用「人的智慧」再引進大量人工智慧，這是最高效率運用 AI 的訣竅。

▌鎖定主題之後灌進生成式 AI

下一個目標是選出 30、50 篇能讓 AI「量產」的題目，根據你的資源適當調整數量。比如你會寫程式、把其他內容管理的流程都自動化了，那你或許就能增加到 100、150 篇。

如果你對管理內容不太熟，那最好就多花些心思鎖定題目、集中在少量篇幅。

稍有接觸「國際貿易」這個主題的人，會發現這知識裡存在各種英文縮寫名詞。不管懂不懂，直接全部列出來作為內容的主題目標。像是：BAF（燃料附加費）、CFS（貨櫃集中場）、

VGM（已確認總重量）……這些都是適合從生成式 AI 萃取出來的繁雜主題。

你整理好、選定之後，就可以依序「灌食」給生成式 AI 工具。在這個階段「量大」不是問題，因為快速產出正是 AI 最擅長的技能。

■ 用英文生成的品質更好

千萬不要直接對 AI 說：「寫 500 字關於國際貿易的文章。」這樣跑出來的東西會很貧乏又難用。

生成式 AI 的原理是利用大量文字資料「訓練」，經過無數自我學習之後，歸納出能夠和人類對話的語言模型。

英文是最主流的知識載體，這些訓練資料裡有 92.10％是英文[49]，繁體中文只佔 0.03％。也就是說，大型語言模型的中文很差。你要用英文和它對話，才能生成高品質的結果。

■ 先用英文生成，再用 AI 翻譯

不會英文怎麼辦？好消息是 AI 語言模型擅長「翻譯」。你可以先用 AI 工具把中文指令翻成英文，再把英文指令餵給

---

49 https://reurl.cc/yYypqE

AI、請它輸出英文資料，再接著將英文資料翻譯回中文。

下達英文指令→得到英文輸出→翻成中文→成品

多加這幾道流程不但能讓輸出的品質更高，產出的內容也會更細膩。

在這些流程當中，你還可以試著請它少用制式的口吻，避免產出太僵化的內容。比如指示它改用幽默的口吻、加入更像人類的詞彙等等。

▌不斷重複與布局

針對每個主題用這樣的流程，不斷重複，並把產出內容複製下來，你就能得到多篇不同主題的 AI 現成內容。當累積數量一多，你就要適時介入微調、站在宏觀角度布局審視。

想像一下：就算你產出 100％的 AI 生成內容，肯定也還是要「手動」幾下吧。例如複製貼上、刊登上稿、後續觀察……就算你會寫程式，這些動作都還是免不了人力成分。

從搜尋引擎最佳化的原理來說，控制字數、決定順序、結構編排、多頁面連結串接……都是產出文字之外影響深遠的優化關鍵。內容數量一多，你就要通盤布局。我使用的戰術共有這些：

- 置入圖片
- 調整排版、分段
- 在不同文章中加上連結，集中指向高曝光的主題文章
- 從 GSC 挑出曝光量最高的關鍵字、再次加深強化內容
- 最重要的主題擺在網站最顯眼的地方，不重要的往後擺
- 拼、拆文章，例如將 2 篇 500 字的文章合成 1,000 字，或拆成 4 篇 250 字

▌精進流程

　　當你用人工智慧去代替你的思考，品質的輸出上限就是工具的上限；**當你用思考去駕馭人工智慧**，你就能善用這項工具，讓工具的上限成為你輸出品質的「最低底線」。

　　我刻意花費大量的時間在思考、測試、微調 AI 工具的邏輯，盡量將「操作」的勞動比例減到最低，最後得到的成果、使用的戰術、學到的體悟都和別人的做法截然不同。

　　同樣的邏輯，我不建議你「照抄做法」，而是加入你的思考、精進成你自己的版本，因為流程是死的，照抄既有策略就像用罐頭模板替代掉自己的思考，當策略過時、有新的技術引進時，輸出就很容易被淘汰。

相反地，如果是借鏡他人的成功策略心法，再根據自己的所需、主題、資源精進強化，那就能發揮更強的效果。

▌心法總結

用 100%的生成式 AI 工具，把關鍵字排到第 1 的做法總結如下：

1. 先花大量心思選題，不急著開工具餵食誰都能想到的指令、得到重複的結果。
2. 瞄準冷知識，找出其他人不太可能會用網誌去寫、有繁雜衍生詞彙的方向。
3. 鎖定 30–50 個主題，大量灌食給 AI 工具產出文字。
4. 下英文指令→得到英文輸出→翻成中文→成品。
5. 重複、布局、發布內容，隨時留意通盤布局。
6. 將思考用在精進流程，一次提升整體品質。

▌訂閱《Jemmy 的思考信》

我把這整份 AI 操作所使用的實際網站、GPT 提示語、翻譯詳細心法都整理到一份 Google 文件檔案裡。

如果你對以上的 AI 工具結合關鍵字戰術有興趣，或覺得我的內容對你有幫助，請訂閱《Jemmy 的思考信》，我會透過電子報，持續把像這樣的高價值內容寄給你。

提示語、翻譯心法檔案連結：
https://bit.ly/Jemmy100Ai

41

搜尋的未來怎麼做？別跟機器比賽

—— 比打字速度你贏不了，但把打字任務丟給機器就能贏

　　搜尋引擎正在引進生成式 AI 和大型語言模型，企圖因應人類的需求對搜尋做出重大改變。現在，就是未來搜尋的開端。

　　OpenAI 釋出的 ChatGPT 在開放 2 個月內就突破 1 億使用者，成為當時史上成長最快的應用程式。ChatGPT 讓全世界發現：原來人可以和聊天機器進行如此深度的交流。「大型語言模型」的技術能在幾秒時間內處理深度知識、回答問題、翻譯、總結大意、整理綱要，你也可以隨便丟個題目叫它「快速寫出 1,000 字的部落格文章」。

　　從 Google 執行長的表態，以及搜尋引擎接連釋出的功能、發展藍圖都說明：人工智慧就是搜尋的未來[50]。接下來怎麼贏？別跟機器硬拚，把它當工具運用就行了。

50　https://searchengineland.com/how-search-generative-experience-works-and-why-retrieval-augmented-generation-is-our-future-433393

▋ 搜尋引擎與 AI

很多人看到 ChatGPT，最先想到的就是把資訊丟給機器、叫它吐出文字內容，然後無腦搬運，企圖想用速成的方式賺取流量，拿下搜尋引擎、把關鍵字衝上排名。你認為這是用 AI 工具和 Google 對拚，但其實 AI 本來就是 Google 自己的東西[51]。GPT 裡面的「T」是「transformer 模型」的縮寫，這技術正來自 Google 的工程師。

搜尋引擎多年來也有許多知名的 AI 演算法：處理陌生搜尋的 RankBrain[52]、同時執行大量任務的 MUM[53]、辨識自然語意的 BERT[54]……搜尋引擎不是等 ChatGPT 出世才追趕，它本來就是 AI 賽局裡的內定選手了。

▋ 別拿人腦比電腦

假設你崇尚「手寫字」，你討厭世界用鍵盤取代筆墨和紙張接觸的質感，讓大家變得不懂筆劃、忘記寫字。

---

51 https://www.ft.com/content/37bb01af-ee46-4483-982f-ef3921436a50

52 https://developers.google.com/search/docs/appearance/ranking-systems-guide?hl=zh-tw#rankbrain

53 https://developers.google.com/search/docs/appearance/ranking-systems-guide?hl=zh-tw#mum

54 https://developers.google.com/search/docs/appearance/ranking-systems-guide?hl=zh-tw#bert

　　這想法沒問題，只是你最不該做的就是拿筆去和鍵盤手比賽打字，去證明到底是鍵盤快，還是手寫更勝一籌。你該去強調的是每份手寫作品的獨一無二、是親手寫成的溫暖，這是鍵盤怎樣都比不贏的。把那些需要大量打字、抄寫的勞力丟給冰冷鍵盤就好，拿人腦弱項去比拚電腦強項不是明智的選擇。

　　但寫手在面對 AI 的時候，常常喜歡和機器做「比賽打字」的事，只是「打字的工具」從鍵盤升級到科技。例如追求用 AI 產出最多的字數、看誰可以先堆疊文章「洗出」排名，企圖用 AI 生成的「高級農場文」對抗搜尋引擎的 AI 辨識力，這是用人腦力硬拚電腦力。

　　創作者應該做的是，善用 AI 強化自己的實力。直接把「打字」勞力轉嫁給電腦，省下精力集中到創作更頂尖的內容，這樣才對。這才是能真正擊敗搜尋引擎，更輕鬆提升表現的做法。

　　要集中在哪？ AI 難以比拚、卻又可以輕易辨識好壞的地方包含實用性、親身經驗、品牌權威。

▉ 確保實用性

　　SEO 專家瑪麗 · 海恩斯（Marie Haynes）博士分析[55]：搜尋引擎投注大量資源追尋網頁「滿足讀者」的程度。

---

55 https://twitter.com/Marie_Haynes/status/1719005189934301422

搜尋系統會透過綜合因素學習，辨識各種網頁對讀者的實用程度高低。但這些評鑑標準怎麼來的？來自人類本身的搜尋數據和「評分員」的鑑定。人類的需求就來自於人類自己。去追求機器那些冰冷的判定機制，是在用人腦拚電腦。思考哪些內容真正對讀者有用處、再創作出那樣的內容，則是善用機器邏輯的做法。

你不用去解析機器用了哪幾百種機制判定，只要提供真正實用的內容，再交給演算法去提升自身表現就行了。你的精力不會花在拼湊「滿足機器」的內容，而是做出真正會讓人們感到實用的東西。

■ 真實經驗

我在 ChatGPT 很熱門的時候寫過一篇文章，叫做〈用一瓶乳液，立刻分出 AI 廢文和真人文案的辦法〉。它吸引編輯主動邀請轉載，也引來許多互動和些許爭議，它大意是這樣的：

如果你讓 ChatGPT「無腦輸出」，它會寫出這樣的東西：「為您呈獻 SK-II 的無香味乳液，一款獨具神奇之力的護膚產品。這款乳液由獨特酵素配方所研發，專為敏感肌膚設計，讓肌膚回歸最自然、最純淨的狀態。」

可以順暢、快速產出這種文字看似很厲害，但其實它毫無新意，千篇一律。如果不花心思了解讀者的需求和目標受眾，那麼輸出這些字詞純粹就只是廢文而已。

好的文案是像這樣：

「瓶身狹長很好握，但快用完的時候會重心不穩、常常一碰就倒在桌子上。乳液沒香味，厚敷的話其實不太好吸收，不小心擦太多會滿黏的，不然還算清爽。」

兩個差在哪裡？前面的文筆很棒，後面看起來很普通嗎？不是。最大的差異在於「經驗值」。

第一篇是看個 2 秒就知道，裡面充斥根本不需要碰過商品就能「掰得出來」的內容。而第二篇文案雖然看起來好像有點怪，但卻是最實在、效果最好的那種。

人類一看就會知道，這是真正使用過的人才寫得出來的東西啊！

文章觀點雖然有爭議性，但也帶起很多互動。為什麼？因為資訊焦慮的時候，人性化的觀點能取得讀者共鳴、讓人看了覺得有道理。確實我們心裡都知道，真實世界發生過的經驗是你看一眼就會明白的。但用盡方法去模仿拼湊「假裝成經驗」的偽經驗，卻會變成四不像的東西。

絕大多數的寫手遇到「寫真實經驗」時最先想到的，就是抄襲改寫他人經驗、腦補幻想經驗，但就是不想真正去體驗。當你認真去雕琢文字，裝得煞有其事，這些心力反而遠不如實際去經歷來得有用。

在 AI 能順暢寫字的時代，你最不需要的就是模仿的文筆、速成的文字。人類的真實經驗，才是工具難以取代的優勢。

■ 具有聲譽的資訊來源

網站或作者是不是這個主題裡面公認的資訊來源？如果是的話，你的內容品質就會原地提升。

在內容的評鑑標準當中，「網站與創作者的聲譽」是核心項目。搜尋引擎會將意見領袖、網紅們在特定領域所累積的平台納入考量。對讀者來說，這些人士的資訊是更值得信賴的來源，是 AI 再會打字都沒有辦法取代的。聲譽、品牌力、權威度都是存在於人類現實世界當中、無法速成的條件。

比如我自己在社群上分享 SEO 的知識和攻略、回答讀者的各種疑難雜症。久了以後就會有更多人認識我、知道我在 SEO 領域有專業，我就能慢慢邁向權威。

如果你沒有品牌聲譽該怎麼辦？從現在開始經營。我一開始也是完全沒有能見度、從零寫起的，但哪個創作者不是這樣？

▌機器學習

別問「Google 怎麼知道、它怎麼看得出來」。這些淺層問題背後所隱含的意思，就是你想「騙過 Google」、用次級的產品「冒充好貨」，不然你幹嘛擔心 Google 看不看得出來？一旦有了「偷工減料」的企圖，你就會不自覺把精力分散在「以次充好」，那就無法勝過全心專注品質的策略。

Google 擅長「深度學習」，它決定排名的機制就像轟動圍棋界的「人機大戰」一樣。在 AlphaGo 對戰世界冠軍李世乭的 5 場棋局裡，人類看到 AI 絕望般的棋力。但往後的職業棋士們並沒有沉浸在絕望裡。他們也沒有集合起來、執著輸掉的棋局繼續和 AI 硬拚、試圖找出它計算上的弱點「翻盤」。

真正的棋士反而瘋狂利用 AI 預判局勢的「勝率、落點」功能來評價自己的眼光好壞。就像你每下一手，身後都有圍棋之神幫你「打分數」一樣，巧妙借用 AI 的力量提升自己。

當你執著在點閱率、跳出率、停留時間……而不是提升內容全局，這就像在追求局部比拚，你變成鑽進棋盤的定式裡面，去和機器硬拚計算力了。

想辦法運用 AI 的力量提升成效、透過機器提升整體效率，才是為自己贏下全局的致勝思維。

■ 品質為重

搜尋專家莉莉‧雷（Lily Ray）認為[56]：雖然改版總是很多人抱怨，但 Google 一直在進步與改良。現在會被讀者抱怨的「低品質」內容，放到 3 年前的水準說不定是「還行」。標準越來越高了，企圖透過低劣品質混充的做法就是和 Google 玩貓抓老鼠，無法持久。

從個案來看，你或許有辦法指出很多 Google「失靈」的地方。但宏觀來看，那些「讓 10 億人都驚呆了」、《每日頭條》農場文，是不是漸漸從你的記憶消失了？

懂得追求品質的創作者，不只可以打造出值得排上第 1 的內容、讓人一搜尋就找到你，更能應用到不同地方。就算你把同樣的策略放在社群、文案、行銷，也能取得成功。

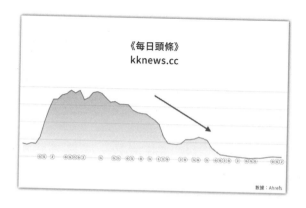

《每日頭條》
kknews.cc

數據：Ahrefs

---

56 https://twitter.com/lilyraynyc/status/1711815450491785292

新商業周刊叢書 BW0841

讓人一搜尋就找到你

破解搜尋引擎的流量密碼，
首席SEO優化師讓你的曝光飆升30％！

作　　　者／Jemmy Ko
責任編輯／黃鈺雯
版　　　權／吳亭儀、江欣瑜、顏慧儀、游晨瑋
行銷業務／周佑潔、林秀津、林詩富、吳藝佳、吳淑華

總編　輯／陳美靜
總經　理／彭之琬
事業群總經理／黃淑貞
發行　人／何飛鵬
法律顧問／台英國際商務法律事務所
出　　　版／商周出版　臺北市南港區昆陽街16號4樓
　　　　　　電話：(02)2500-7008　傳真：(02)2500-7759
　　　　　　E-mail：bwp.service@cite.com.tw
發　　　行／英屬蓋曼群島商家庭傳媒股份有限公司　城邦分公司
　　　　　　台北市南港區昆陽街16號8樓
　　　　　　電話：(02)2500-0888　傳真：(02)2500-1938
　　　　　　讀者服務專線：0800-020-299　24小時傳真服務：(02)2517-0999
　　　　　　讀者服務信箱：service@readingclub.com.tw
　　　　　　劃撥帳號：19833503
　　　　　　戶名：英屬蓋曼群島商家庭傳媒股份有限公司城邦分公司
香港發行所／城邦(香港)出版集團有限公司
　　　　　　香港九龍土瓜灣土瓜灣道86號順聯工業大廈6樓A室
　　　　　　電話：(852)2508-6231　傳真：(852)2578-9337
　　　　　　E-mail：hkcite@biznetvigator.com
馬新發行所／城邦(馬新)出版集團
　　　　　　Cite (M) Sdn Bhd
　　　　　　41, Jalan Radin Anum, Bandar Baru Sri Petaling, 57000 Kuala Lumpur, Malaysia.
　　　　　　電話：(603)9057-8822　傳真：(603)9057-6622
　　　　　　Email: cite@cite.com.my

封面設計／盧卡斯工作室　　內文排版／無私設計・洪偉傑　　印　刷／鴻霖印刷股份有限公司
經銷　商／聯合發行股份有限公司　電話：(02)2917-8022　傳真：(02) 2911-0053
　　　　　　地址：新北市231新店區寶橋路235巷6弄6號2樓

ISBN／978-626-318-959-1（紙本）　978-626-318-958-4（EPUB）
定價／410元（紙本）　285元（EPUB）

2024年1月初版
2024年9月初版 3.9刷

國家圖書館出版品預行編目(CIP)數據

讓人一搜尋就找到你：破解搜尋引擎的流量密碼，首席SEO優化師讓你的曝光飆升30％！/Jemmy Ko著. -- 初版. -- 臺北市：商周出版：英屬蓋曼群島商家庭傳媒股份有限公司城邦分公司發行，2024.01
　　面；　公分. -- (新商業周刊叢書；BW0841)
ISBN 978-626-318-959-1 (平裝)

1.CST: 網路行銷 2.CST: 搜尋引擎 3.CST: 關鍵詞

496　　　　　　　　　　112019681

城邦讀書花園
www.cite.com.tw

讀者回函卡

感謝您購買我們出版的書籍！請費心填寫此回函卡，我們將不定期寄上城邦集團最新的出版訊息。

不定期好禮相贈！
立即加入：商周出版
Facebook 粉絲團

姓名：＿＿＿＿＿＿＿＿＿＿＿＿＿＿＿＿＿　　性別：□男　□女

生日：西元＿＿＿＿＿＿＿年＿＿＿＿＿＿＿月＿＿＿＿＿＿＿日

地址：＿＿＿＿＿＿＿＿＿＿＿＿＿＿＿＿＿＿＿＿＿＿＿＿＿＿

聯絡電話：＿＿＿＿＿＿＿＿＿＿　　傳真：＿＿＿＿＿＿＿＿＿

E-mail ：

學歷：□ 1. 小學 □ 2. 國中 □ 3. 高中 □ 4. 大學 □ 5. 研究所以上

職業：□ 1. 學生 □ 2. 軍公教 □ 3. 服務 □ 4. 金融 □ 5. 製造 □ 6. 資訊

　　　□ 7. 傳播 □ 8. 自由業 □ 9. 農漁牧 □ 10. 家管 □ 11. 退休

　　　□ 12. 其他＿＿＿＿＿＿＿＿＿＿＿＿＿＿＿＿＿＿＿＿＿

您從何種方式得知本書消息？

　　　□ 1. 書店 □ 2. 網路 □ 3. 報紙 □ 4. 雜誌 □ 5. 廣播 □ 6. 電視

　　　□ 7. 親友推薦 □ 8. 其他＿＿＿＿＿＿＿＿＿＿＿＿＿＿＿

您通常以何種方式購書？

　　　□ 1. 書店 □ 2. 網路 □ 3. 傳真訂購 □ 4. 郵局劃撥 □ 5. 其他＿＿＿＿

您喜歡閱讀那些類別的書籍？

　　　□ 1. 財經商業 □ 2. 自然科學 □ 3. 歷史 □ 4. 法律 □ 5. 文學

　　　□ 6. 休閒旅遊 □ 7. 小說 □ 8. 人物傳記 □ 9. 生活、勵志 □ 10. 其他

對我們的建議：＿＿＿＿＿＿＿＿＿＿＿＿＿＿＿＿＿＿＿＿＿＿

＿＿＿＿＿＿＿＿＿＿＿＿＿＿＿＿＿＿＿＿＿＿＿＿＿＿＿＿＿

＿＿＿＿＿＿＿＿＿＿＿＿＿＿＿＿＿＿＿＿＿＿＿＿＿＿＿＿＿

10480　台北市民生東路二段141號9樓

英屬蓋曼群島商家庭傳媒股份有限公司城邦分公司　收

- -

請沿虛線對摺，謝謝！

書號：BW0841　　　　　　書名：讓人一搜尋就找到你